I0073169

FLUGMOTOREN

VON

KONRAD MÜLLER
OBERINGENIEUR

MIT 211 ABBILDUNGEN UND ZWEI TAFELN

ZWEITE VERMEHRTE UND
VERBESSERTE AUFLAGE

MÜNCHEN UND BERLIN
DRUCK UND VERLAG VON R. OLDENBOURG
1918

Vorwort zur 1. Auflage.

Die vorliegende Schrift fußt auf zwanzigjähriger Erfahrung im Bau und Betriebe von Verbrennungsmotoren. Ich habe sie hauptsächlich an Hand eines im Jahre 1911 verfaßten Manuskriptes über meine Erfahrungen mit den Motoren der Militärluftschiffe, vor allem der Z-Schiffe, niedergeschrieben. Zuerst als Manuskript vervielfältigt, diente sie mir als Leitfaden für den Unterricht über Flugmotoren bei der Fliegerersatzabteilung in Schleißheim. Die steigende Nachfrage danach von anderen Fliegerersatzabteilungen und aus dem Felde sowie die günstige Aufnahme bei den maßgebenden hohen militärischen Stellen veranlassen mich, sie jetzt in Druck zu geben.

Sie will der Praxis dienen, wie sie aus der Praxis entstand. Die besprochenen Konstruktionseigenheiten sind die in der Praxis und Literatur »Zeitschrift für Flugtechnik und Motorluftschifffahrt« und »Der Motorwagen« bekanntesten.

Manches mußte wegen des feindlichen Auslandes unerwähnt bleiben.

Keineswegs soll die Schrift die eingehende praktische Betätigung an den verschiedenen Motortypen ersetzen, sondern sie will nur eine Hilfe sein, die vielen Teile des Flugmotors und seine Arbeitsweise kennen, ihn sachgemäß bedienen und Störungen sicher beurteilen und beheben zu lernen. Damit diene sie auch als Unterlage, um eigene Erfahrungen sachkundig zu verwerten und über sie zu berichten.

München, im Kriegsjahr 1916.

Konrad Müller.

Vorwort zur 2. Auflage.

An der Überlegenheit der deutschen Luftwaffe zweifelt heute kein Einsichtiger mehr. Mit Stolz und Hochgefühl verfolgen wir die Leistungen unserer Flieger, welche die Lüfte beherrschen. Diesen ungeheuren Aufschwung des Kriegsflugwesens haben nur wenige Fachleute voraussehen können, am ehesten solche, die tätig an der Entwicklung beteiligt waren. Denn umwälzende Erfindungen sind nicht gemacht worden, sondern unermüdliche systematische Arbeit hat das Vorhandene immer wieder verbessert und zu dem hohen Grade der Vollkommenheit geführt, dem wir unsere Erfolge verdanken.

Das vorliegende Büchlein war bemüht, an der Ausbildung unserer Flieger seinen Teil beizutragen. Die gute Aufnahme, welche es bei seinem ersten Erscheinen in den Fliegerkreisen allenthalben von den vorgesetzten Stellen bis zu den Flugschülern fand, sichert auch dieser 2. Auflage den Erfolg. Das Büchlein soll seinen Charakter als praktisches Hilfsmittel für alle Flieger, als zuverlässiger Berater, beibehalten. Schon aus diesem Grunde konnten nicht alle Neuerungen der modernen Flugmotoren bis ins einzelne zur Sprache gebracht werden. Das würde den Rahmen des Werkchens bei weitem überspannen. Es ist aber auch unnötig. Denn dem durch Belehrung und Praxis mit der Sache Vertrauten bieten Systemabweichungen keine Schwierigkeiten, wenn er das Prinzip gründlich kennen gelernt hat. Dem Verfasser sind die Bedürfnisse des Feldfliegers aus eigener Erfahrung bekannt, wie er andererseits durch den Bau neuer Flugmotoren mit der bautechnischen Entwicklung vertraut ist. So glaubt er in der Auswahl des Gebotenen das Richtige getroffen zu haben.

Das Büchlein möchte gleichzeitig ein eindringlicher Lehrer und Mahner sein, die Zeit der Ausbildung wohl zu nützen. Jeder Flieger schuldet das sich selbst und der Sache, denn er dient ja dem Vaterlande. Von ihm wird in erhöhtem Maße eine Leistung von persönlichem Werte verlangt. Dem entspricht die hohe Verantwortung, welcher nur der wirklich Tüchtige auf die Dauer gewachsen ist.

Im Felde, April 1918.

Konrad Müller.

Inhaltsverzeichnis.

Allgemeines über Flugmotoren.

Noch während der ersten beiden Kriegsjahre umschrieb die bekannte Unterscheidung wasser- und luftgekühlter Flugmotoren im Durchschnitt auch jeweils deutsche und französische Herkunft und Verwendung. Die steigenden Erfolge unseres Flugwesens aber mögen die Feinde von der Überlegenheit des wassergekühlten Motors überzeugt haben, so daß heute auch Frankreich und England schon dem deutschen Bauprinzip huldigen, das leistungs- und lebensfähigere Maschinen liefert.

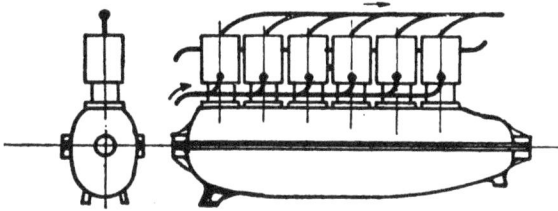

Abb. 1.

Wassergekühlte Motoren (Abb. 1) haben durchweg feststehende Zylinder, sind also Standmotoren, und zwar, da die Zylinder meistens in einer Reihe hintereinander liegen, Reihenmotoren. Stellt man dagegen zwei und mehr Reihen Zylinder nebeneinander, so ergibt sich der gabelförmige V- oder mehrreihige Fächerreihen- motor (Abb. 2); denn die Zy- linderachsen müssen radial zum Drehzentrum, also zur Achse der Kurbelwelle, stehen. In Deutschland

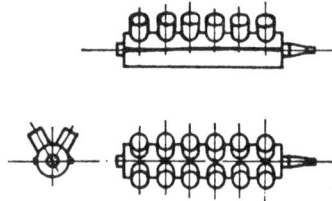

Abb. 2.

wurde leider bislang den V-Motoren wenig Beachtung geschenkt, da man sie fast nur als luftgekühlte Motoren kannte. Ihr bekann- tester Vertreter ist denn auch der französische Renault-Motor, der mit 8 Zylindern etwa 70 PS, neuerdings aber 120 PS und darüber leistet. Bei ihm und dem 12zylindrigen sitzt der Propeller auf der verstärkten Nockenwelle, die stets nur halb so viel Umdrehungen macht wie die Kurbelwelle, also beispielsweise 900 gegen 1800. Dadurch wird ein großer Nutzeffekt erreicht, und zwar ein höherer als bei Stern- und Rotationsmotoren, die außerdem einen sehr großen Stirnwiderstand haben. Die Untersetzung des Propellers auf seinen günstigsten Wirkungsgrad (etwa 900 bis 1200 Umdrehungen) wird bei den modernen Maschinen mit ihren hohen Drehzahlen (1800—2400 in der Minute) immer mehr angestrebt und ist von der größten Bedeutung.

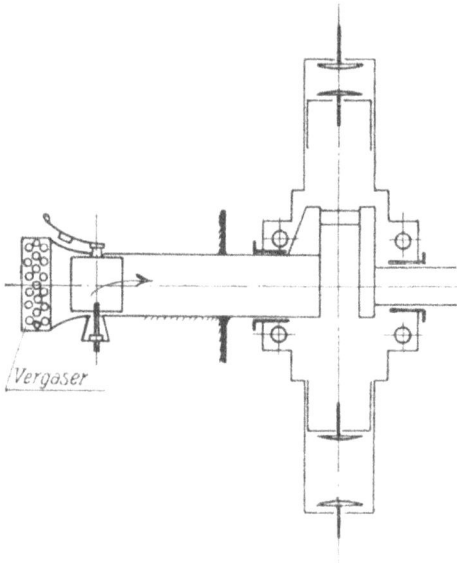

Abb. 3.

Es bietet immerhin gewisse Schwierigkeiten, die Vorteile der einzelnen Systeme gegeneinander abzuwägen (Abb. 3 und 4). Denn an seinem Platze und zu seinem besonderen Zwecke ist natürlich jedes dem anderen überlegen. So erreichte z. B. seinerzeit ein modernes leichtes Flugzeug mit Siemensmotor 7000 m Höhe in etwa 14 Min. Seine jedesmalige Flugdauer ist dann eine beschränkte. Im allgemeinen ist es jetzt eine mißliche Sache, Rekordziffern zu nennen. Sie werden in kurzer Zeit immer wieder überboten, und wenn auch nicht wesentlich, so ist doch die Entwicklung allzusehr im Fluß, um sich fixieren zu lassen. Als Hauptvorteil der luftgekühlten Motoren gilt ihr relativ

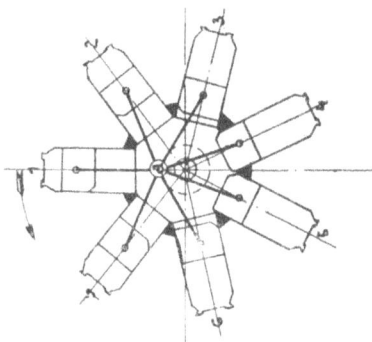

Abb. 4.

niedriges Gewicht; dafür ist aber der Benzin- und namentlich Ölverbrauch sehr hoch. Ein französischer 6 - Zylinder - Anzani brauchte beispielsweise stündlich 5 l Schmieröl, während man bei wassergekühlten Motoren nur 1 l pro Stunde rechnet. Und wenn man einen luftgekühlten 100 PS-Gnom-Motor mit Betriebsstoff für 5 Stunden versah, desgleichen einen wassergekühlten gleich starken Daimler-Mercedes, so erreicht der Gnom-Motor fast das gleiche Betriebsgewicht.

Im allgemeinen wird man wohl sagen dürfen, daß der wassergekühlte Motor in der eigentlichen Kraftleistung (Wärmeausnützung) dem luftgekühlten in dem Sinne überlegen ist, daß er bei hohen PS-Zahlen bis jetzt allein in Frage kommt. Außerdem ist er für größere Flüge zweifellos betriebssicherer und hat den Vorzug längerer Lebensdauer. Er ist aber schwerer als der luftgekühlte, der ja wesentlich dem Bestreben entspringt, ohne Beeinträchtigung der motorischen Leistung das Baugewicht, auf die PS-Einheit bezogen, möglichst herabzudrücken, d. h. geringstes Baugewicht mit höchster Leistung zu vereinigen.

Dieser Grundgedanke hat sich bis zu einer gewissen Kraftgrenze (etwa 120 PS für Stand- und etwa 200 PS für Rotationsmotor) als mit Vorteil durchführbar erwiesen. Indem man die Wasserkühlung durch Luftkühlung ersetzt, kommen ihre den Motor erschwerenden Einrichtungen zugunsten des Baugewichts in Wegfall. Gleichzeitig erfährt unter dem Zwange des Konstruktionsgedankens auch die Form des Motors eine entscheidende Änderung; denn es bedarf keiner näheren Auseinandersetzung, daß die Luftkühlung leichter und gleichmäßiger durchführbar ist, wenn die Zylinder nicht hintereinander, sondern radial nebeneinander liegen.

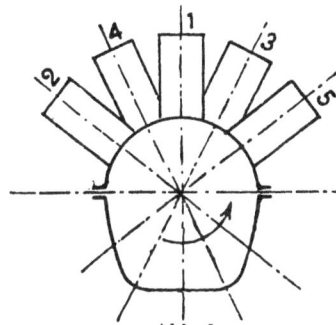

Abb. 5.

Daher spielt vor allem die Gruppierung der Zylinder um das Kurbelgehäuse noch eine entscheidende Rolle. Es vollzieht sich der Übergang vom Reihen- und V-Motor zum Fächer- und Sternmotor (Abb. 5) mit radialer Anordnung aller Zylinder, wobei diese zunächst immer noch feststehen. Sie sind senkrecht in einer Ebene um die schwere Kurbelwelle und das Kurbelgehäuse gruppiert. Nur diese, das Baumaterial nach Möglichkeit ausnutzende Bauweise, umgeht die sonst unvermeidlichen Materialhäufungen. Während beim Reihenmotor jeder Kolben seinen eigenen Kurbelzapfen hat und beim V-Motor je zwei einen beanspruchen, greifen bei der radialen Anordnung alle Kolben derselben Ebene mit ihren Pleuelstangen an ein und demselben Zapfen an.

Vom luftgekühlten Standmotor mit radialer Zylindergruppierung zum Rotationsmotor war nur ein Schritt; denn dieser ist nur die kinematische Umkehrung des Standmotors, d. h. der Zylinderstern rotiert um die feststehende Kurbelwelle. In Deutschland ist der verbreitetste und bekannteste der von der Motorenfabrik Oberursel gebaute Gnom-Motor. Neuerdings gesellt sich der Motor der Siemens & Halske-Werke dazu. Beide sind im zweiten Teile dieser Schrift ausführlich beschrieben.

Der Umlaufmotor hat seinen Vorgänger, den luftgekühlten Standmotor in Sternform, fast völlig verdrängt, nicht aber den luftgekühlten V-Motor. Dieser ist anscheinend immer noch betriebssicherer, jedoch keineswegs leichter im Baugewicht, da zur Unterstützung der ungenügenden Kühlung durch den Fahrwind ein Ventilator eingebaut werden muß. Alle luftgekühlten, auch die Umlaufmotoren, haben hohe Zylindertemperaturen von etwa 160° bis 180° gegenüber 80° bis 90° der wassergekühlten. Daher wird neuerdings ein wassergekühlter Rotationsmotor angestrebt, bei dem gewissermaßen die Kühlrippen durch einen Wassermantel ersetzt werden. Näheres über diese Konstruktion ist noch nicht bekannt. Es würde sich hier um eine ähnliche Entwicklung handeln wie beim Rotationsmotor mit Luftkühlung. Ein wassergekühlter Sternmotor mit festen Zylindern ist der Salmson, früher der beste Vertreter der französischen Konstruktionen mit Wasserkühlung.

Bei diesem Motor wie auch bei allen luftgekühlten Sternmotoren mit feststehenden Zylindern besteht der Übelstand, daß in die nach unten hängenden Zylinder übermäßig viel Öl hineingelangt und zu Störungen, besonders durch Verrußen der Zündkerzen, Anlaß gibt. Die Sternmotoren mit festen Zylindern hindern außerdem den freien Ausblick sehr. Aus diesem Grunde wurden von der Daimler-Motoren-Gesellschaft wassergekühlte

Standmotoren mit hängenden Zylindern in einer Reihe ausgeführt, die leider auch den eben erwähnten unvermeidlichen Nachteil aller Konstruktionen mit hängenden festen Zylindern haben. Man wird aber dieser Schwierigkeit immer mehr Herr werden, und die weitere praktische Ausbildung der Konstruktion ist zu wünschen.

Fächermotoren wären deshalb günstiger. Man denke sich diejenigen Zylinder eines Sternmotors, deren Achsen unter der horizontalen, durch die Kurbelwellenmitte gehenden Ebene liegen, mit ihren Kurbelzapfen hochgeklappt und in einer zweiten Ebene hinter den oben befindlichen Zylindern angeordnet, so hat man das Schema eines Fächermotors. Alle Fächermotoren haben Kurbelwellen mit um 180° versetzten Kurbelzapfen.

Bei Sternmotoren mit feststehenden Zylindern, wie bei Fächermotoren, müssen die Wirkungen der hin- und hergehenden Massen des Triebwerkes durch Gegengewichte ausgeglichen werden. An einen vollkommenen Massenausgleich kann aber bei beiden Typen nicht gedacht werden. Die Gegengewichte müssen recht groß sein und erschweren den Motor erheblich.

Es fällt auf, daß alle Stern- und Fächermotoren ungerade Zylinderzahlen haben, und zwar deshalb, weil des Viertaktes wegen erst während zweier voller Umdrehungen alle Vorgänge in einem Zylinder abgelaufen sind. Sollen nun die Zündungen in gleichem Abstande nebeneinander erfolgen, was zur Erreichung eines gleichmäßigen Drehmomentes erforderlich ist, so ist eine ungerade Anzahl der Zylinder nötig. Alle Flugmotoren arbeiten bekanntlich nach dem von dem Deutschen Otto aus Köln-Deutz eingeführten Viertaktverfahren, das noch immer überlegen geblieben ist. Die verbrannten Gase werden ziemlich vollkommen ausgetrieben und die neue Verbrennung verläuft wirtschaftlich, so daß der Brennstoffverbrauch verhältnismäßig gering ist und damit der thermische Wirkungsgrad der Maschine günstiger wird. Er beträgt etwa 27% bei den deutschen wassergekühlten Standmotoren, bei luftgekühlten Motoren dürfte er um einige Prozent niedriger sein.

Vergleichen wir weiter die deutschen Motorkonstruktionen mit den französischen, so sehen wir, daß die unsrigen neben dem relativ besseren Wirkungsgrad auch im Baugewicht ebenbürtig sind.

Der Salmson mit 120 mm Bohrung und 140 mm Hub leistet bei 9 Zylindern 135 PS, also pro Zylindervolumen 15 PS, und wiegt bei einem Gesamtgewicht von rd. 220 kg etwa 1,6 kg pro PS.

Der nominell 100 PS-6-Zylinder-Mercedes, der bei den gleichen Abmessungen durchschnittlich 110 PS leistet, hat pro Zylinder etwa 18 PS, also bei einem Gesamtgewicht von 180 kg relativ gleichviel PS wie der französische Salmson.

Dieser nennt nur einen kürzeren Einbau zu seinem Vorteil, der aber durch bedeutend höheren Fahrwiderstand wieder mehr oder weniger aufgehoben wird.

In ähnlicher Weise machen die schweren Ausgleichgewichte den durch die radiale Zylinderanordnung erreichten Vorteil des geringeren Baugewichtes teilweise wieder illusorisch.

Dem gesellt sich als drittes Moment der im Vergleich mit deutschen Maschinen immerhin schlechtere thermische Wirkungsgrad.

Selbst Frankreichs bester Motor, der neue Hispano Suiza 8zylindrige V-Motor mit Wasserkühlung, ist in keiner Weise, wie glaubhaft gemacht wird, unserer Konstruktion überlegen. Er hat 116 mm Durchmesser und 130 mm Hub und leistet bei 1800 Umdrehungen pro Minute 140 PS bei einem Gesamtgewicht von 200 kg. Das ist 1,4 kg pro PS. Dieses niedrige Gewicht erreicht er zum Teil auf Kosten der Betriebsicherheit. Der mittlere Druck (siehe Anhang) ist bei dem Hispano Suiza-Motor etwa 6,5 kg. Alle unsere Flugmotoren haben einen mittleren Druck von 8 kg cm² und darüber. Wir sind längst in der Lage, wassergekühlte V-Motoren von 1 bis 1,2 kg pro PS bei gleich hohem Wirkungsgrad zu bauen.

Der mit dem Kaiserpreis ausgezeichnete Benz-Motor hatte bereits s. Z. bei der 7 stündigen Dauerbremsung einen Benzinverbrauch von weniger als 210 g pro PS-Stunde ergeben. Auch die Mercedes-Motoren haben bekanntlich einen Verbrauch von weniger als 240 g für die PS-Stunde. Alle ausländischen Flugmotoren haben einen viel höheren Brennstoffverbrauch.

Deutschland hält also immer noch die Spitze im Flugmotorenbau, was ja auch durch die über jedes Lob erhabenen Leistungen unserer Flieger, in erster Linie die für alle sichtbareren Leistungen der Kampfflieger tagtäglich bestätigt wird. Man braucht nur Namen wie Bölcke, Immelmann und Mulzer zu nennen, um einen Heldengeist zu beschwören, der in ihren Taten ebenso wirksam ist, wie er aus den trotzigen Sagen grauer germanischer Vorzeit lebendig vor uns aufsteigt. Die Leistungen sind seitdem mit besseren Maschinen überboten worden, ihr Heldensinn nicht. Jenen Namen als den der ersten Helden der Luft wohnt der eigentümliche Zauber, die Weihe und fortreißende Kraft des Symbols inne, was der Generalstabschef der Luftstreitkräfte Thomsen in den schlichten Worten aussprach: »Jeder will ein Bölcke werden.«

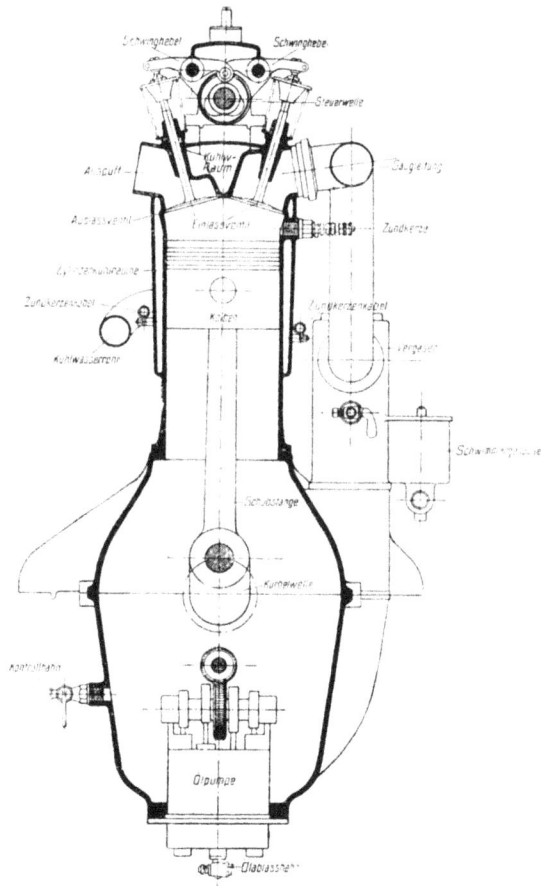

Schnitt durch einen Zylinder und Gehäuse.
Abb. 6.

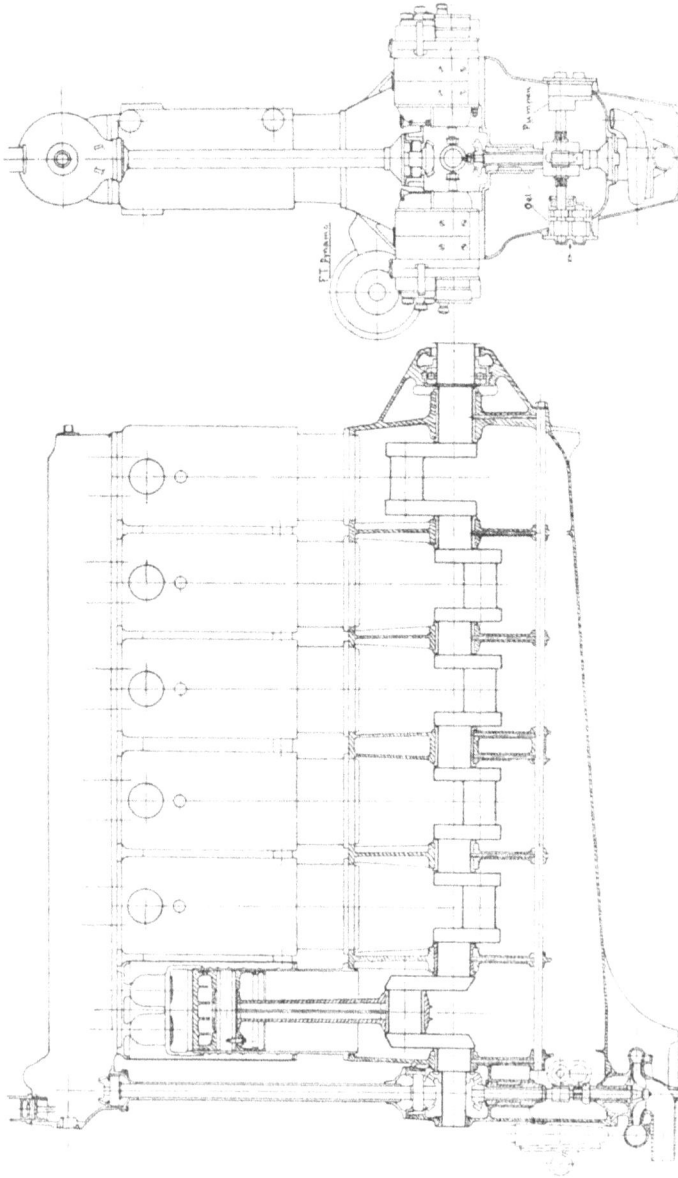

Entwurf von Oberingenieur Müller.

I. Teil.

Wassergekühlte Flugmotoren.

Wassergekühlte Motoren mit hintereinander liegenden Zylindern.

A. Einzelteile des Motors.

I. Der Zylinder.

Der Zylinder besteht aus Laufrohr, Wassermantel und Ventilkammern (Abb. 7—8).

Da in jedem Zylinder beim Normalbetrieb 600 bis 700 Explosionen in der Minute erfolgen und bei jeder eine Temperatur

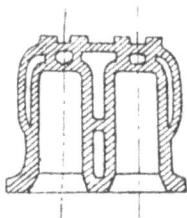

Abb. 7.

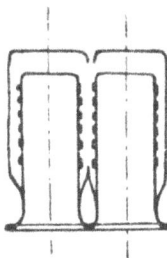

Abb. 8.

von etwa 1700° C erreicht wird, so ist eine Kühlung der Zylinder unerläßlich. Daher ist jeder Zylinder mit einem Metallmantel umgeben, in dem Wasser zirkuliert (Abb. 8).

Im oberen Teil des Laufrohres liegt der Verdichtungsraum, d. i. der Raum, welcher noch übrig bleibt, wenn der Kolben sich im höchsten Punkte (oberen Totpunkte) seines Aufwärtsganges befindet. Hammerförmige Kompressionsräume mit seitlichen Ausbuchtungen (Abb. 9) sind nicht so günstig wie solche von möglichst einfacher Halbkugelform, welche den Verpuffungsdruck zentral aufnehmen und damit einer Grundregel der Motorenkonstruktion genügen. Deshalb haben Flugmotoren durchweg halbkugelähnliche Verdichtungsräume (Abb. 10).

Abb. 9.

Bei den älteren Flugmotoren sind Laufrohr, Wassermantel und Ventilkammern in einem Stück aus Grauguß (Gußeisen) hergestellt, und zwar wurden meistens zwei Zylinder paarweise zusammengegossen. Eine solche Ausführung ist der 4- und 6-Zylinder-Argus, 70 PS-Mercedes und 100 PS-Mercedes, Modell 1912. Sie sind jetzt nicht mehr in Gebrauch. Bei manchen Motoren besteht das Laufrohr aus Grauguß, während der Wassermantel aus Kupfer-, Stahl- oder Nickelblech aufgesetzt ist. Der bekannteste 100 PS-6-Zylinder-Mercedes hat ein Laufrohr aus Stahl, auf das ein Wassermantel aus Stahlblech aufgeschweißt ist. Beim Maybach-Motor besteht der Wassermantel aus Gußeisen, welcher mit Gewinde im Zinnbad oder durch andere Dichtungsmittel

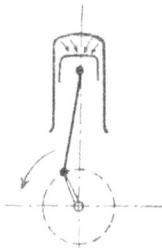

Abb. 10.

(Gummibänder) auf das Stahllaufrohr geschraubt wird. Die Mercedes-Konstruktion hat den Vorzug größerer Leichtigkeit.

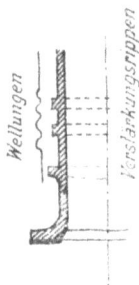

Beim Benz-Motor ist das Zylinderlaufrohr aus Spezialgrauguß mit aufgeschweißtem Blechmantel. Das Rohr wird von außen und innen bearbeitet; der Wassermantel wird hier aus Eisenblech aufgeschweißt und erhält Wellungen (Abb. 11), um ein Zerreißen der Verbindungsstellen zu verhüten, das bei der Verschiedenheit der Wärmeausdehnungskoeffizienten des Materials zu befürchten wäre. Um Baugewicht und Länge der Motoren nach Möglichkeit zu verringern, erhalten diejenigen bis zu 100 PS am besten paarweise angeordnete Zylinder; man kann wohl auch noch höher gehen, bei Maschinen von mindestens 150 PS an sollten aber die Zylinder zwecks hinreichender Kühlung einzeln angeordnet sein. (Abb. 12.) Neuerdings haben die meisten Motoren Einzelzylinder.

Abb. 11.

Um ein Unrundwerden (Verziehen) der dünnwandigen und deshalb sehr empfindlichen Stahlzylinder zu vermeiden, wird der am Propeller liegende Zylinder, der dem kalten einseitigen Luft-

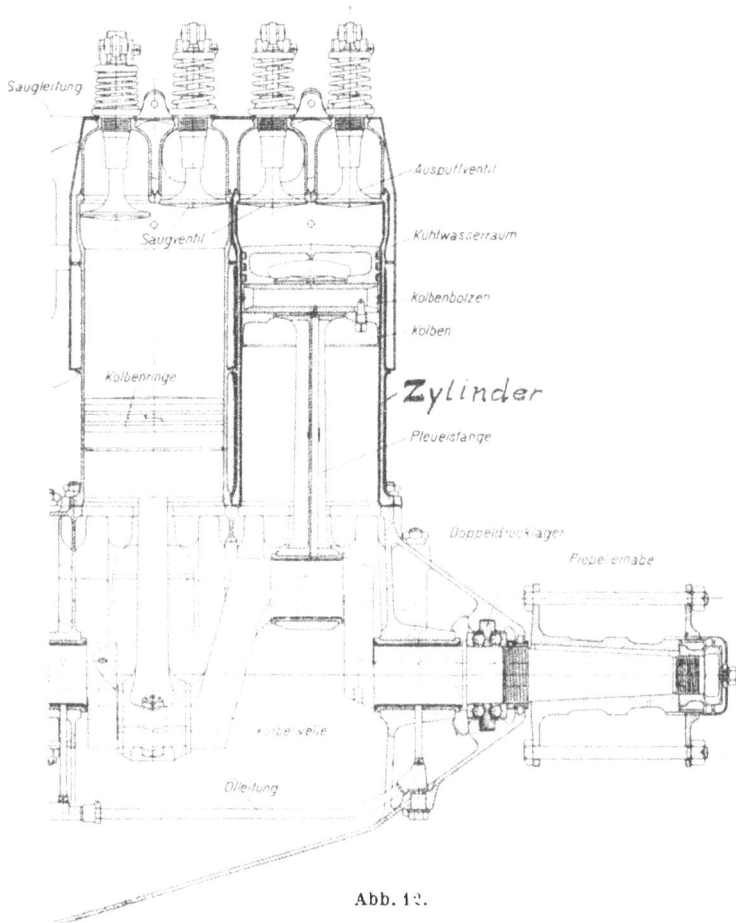

Abb. 12.

strom am meisten ausgesetzt ist, zweckmäßig durch ein Schutzblech geschützt, da sonst leicht ein Klemmen des Kolbens eintreten kann. Bei den neuen Flugzeugtypen wird der ganze Motor mit einer Schutzhaube umkleidet, die zum Zwecke der unbehinderten Kühlung mit Schlitzen versehen ist.

Am besten werden die drei Zylinderteile: Stahllaufrohr, Ventilführungen und Kopf einzeln angefertigt und so möglichst genau bearbeitet, dann miteinander verschraubt und autogen verschweißt, was durch die Vervollkommnung der autogenen Schweißmethode in den letzten Jahren auch bei diesen Präzisionsstücken ermöglicht worden ist. Diese Art der Schweißung hat sich durchweg besser bewährt als alle anderen, z. B. Lötung.

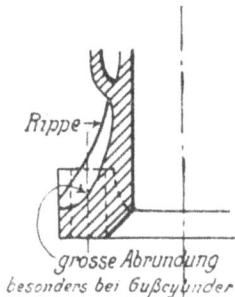

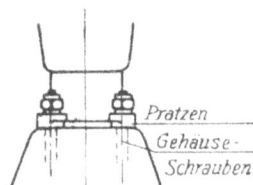

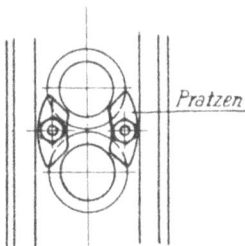

Die Zylinderlaufrohre haben am unteren Ende bei einigen Ausführungen Fußplatten (Flanschen). Bei diesen ist die Verbindung des — namentlich gußeisernen — Zylinderfußes mit dem Laufrohr von besonderer Wichtigkeit. Die Augen für die Befestigungsschrauben sind in diesem Falle verhältnismäßig hoch gehalten und alle Übergänge stark abgerundet, um Brüche zu vermeiden (Abb. 13). Die ersten Erfahrungen in diesen Dingen hat man mit den ursprünglich in den Zeppelinen gebrauchten Daimler-Rennwagenmotoren gemacht. In starken, fortwährend wechselnden Schräglagen mußten diese stets mit voller Kraft arbeiten. In erhöhtem Maße war natürlich der Flugmotor beansprucht und gefährdet, weshalb früher auch den Stahlzylindern so sehr das Wort geredet werden mußte.

Der Zylinder wird auf das Motorgehäuse fest aufgeschraubt, und schon ein ganz geringes Lockern der Schrauben verursacht starke Stöße sowie Anfressen der Kolben. Namentlich treten Zylinderbrüche an den Fußplatten ein, wenn die Schrauben nicht sorgfältig angezogen werden. Das Anziehen muß stets über Kreuz geschehen. Bei neueren Motoren mit größeren Zylinderabmessungen werden die Zylinder mittels Pratzen direkt durch die Gehäuseschrauben festgehalten (Abbildung 14).

Rippe

grosse Abrundung besonders bei Gußcylinder

Abb. 13.

Pratzen
Gehäuse-
Schrauben

Pratzen

Abb. 14.

2. Das Motorgehäuse.

Das Motorgehäuse besteht aus Ober- und Unterteil (Abb. 15).
Es trägt die Kurbelwelle in den Lagern und dient der ganzen Maschine als Fundament. Als Material kommt für das Kurbelgehäuse

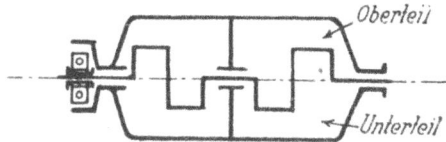

Abb. 15.

des derzeitigen Standmotors lediglich Aluminiumlegierung in Betracht. Die für Gehäuseguß verwendete ist etwa:

87—90% Aluminium,
5—8% Zinn usw.,
5% Kupfer.

Dieses Material besitzt eine Festigkeit von 25—30 kg/qmm,
2—3% Dehnung. Auf Kosten der Festigkeit muß die Dehnung gerade
bei Flugmotorgehäusen möglichst hoch sein.

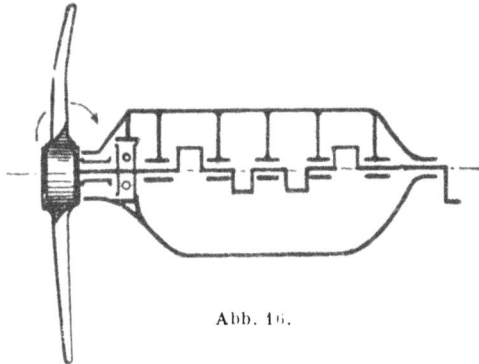

Abb. 16.

Seinen Hauptcharakter erhält das Kurbelgehäuse durch die
Lagerung der Kurbelwelle. Ob nun die Kurbelwelle nur im Oberteil oder auch nur im Unterteil liegt, in jedem Falle müssen
breite und starke Lagerdeckel verwandt werden (Abb. 16).

Liegt die Kurbelwelle nur im Oberteil (Abb. 17), so kann
das Unterteil als bloße Ölmulde und dementsprechend leicht

ausgebaut sein. Beim Betriebe würde dann das nicht unerheb-
lich erhitzte Öl besser gekühlt werden, weil die dünnen Wände
mehr Wärme an die Außenluft abgeben. Nach Abheben des Unter-
teils läßt sich dann auch das Triebwerk leichter
kontrollieren als bei Konstruktionen, bei denen
die Kurbelwelle im Ober- und Unterteil gelagert
ist. Jedenfalls muß bei ersterer Bauart das Gehäuseoberteil genügend stark gebaut werden,
da es allein alle Lagerdrücke aufzunehmen hat.
Obwohl diese Konstruktion sich bei schwächeren,
z. B. Automobilmotoren, aufs beste bewährt hat,
sind bei den starken Flugmotoren Gehäuse-
brüche in der Praxis seltener zu verzeichnen,
wenn die Kurbelwelle mit breiten Lagern in beiden Gehäuseteilen
gelagert ist und durchgehende Lagerschrauben Gehäuseunter- und
Oberteil verbinden (Benz und Mercedes, Abb. 18). Bei ganz
starken, z. B. V-Motoren, wird wohl die Tendenz bestehen, Stahl-
gehäuseoberteil zu nehmen und in diesem dann die Kurbelwelle
allein mit Stahlbügeln zu lagern. Das Gewicht wird dadurch
allerdings eine unerwünschte Steigerung erfahren.

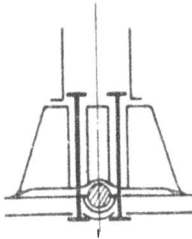

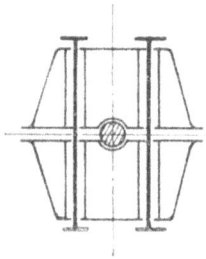

Abb. 17.

Werden die Verbindungsbolzen nur in der
senkrechten Querwand des Gehäuses gehalten
(Abb. 19), so ist bei der Unzuverlässigkeit
des Aluminiumgusses (Aluminium eignet sich
nicht besonders zu Trägerkonstruktionen) ein
Bruch der Gehäusewand fast mit Sicherheit
zu erwarten.

Bei durchgehenden Schrauben, die Unterteil mit Oberteil verbinden, wird am Oberteil manchmal eine Stahlplatte oder ein Stahl-
bügel aufgelegt (Abb. 20), um die Festigkeit
des Aluminiums, die an sich kaum genügende Sicherheit gegen
Bruch geben würde, zu erhöhen. Da das Gehäuse durch die Ver-
brennungs- bzw. Kurbelwellendrücke auf Zug sowie Druck wechsel-
weise beansprucht wird, ist das Oberteil als Träger ausgebildet
(Abb. 21). Um die nötige Versteifung zu erhalten, sind die Querwände nach Möglichkeit durchgehend und die Gehäusefüße in
der Verlängerung der Querwände angegossen. Die Übergänge der
Querrippen zu den Längsrippen haben entsprechende Abrundungen

Abb. 18.

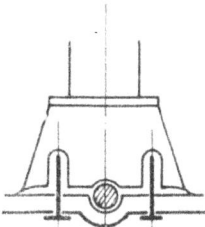

Abb. 19.

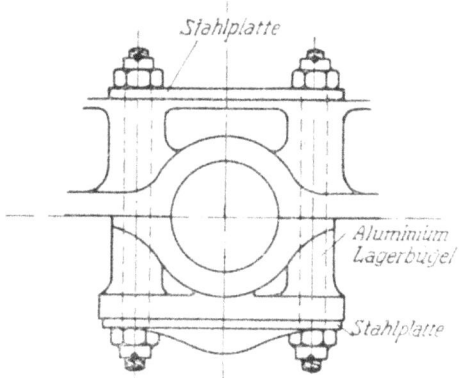

Stahlplatte

Aluminium Lagerbügel

Stahlplatte

Abb. 20.

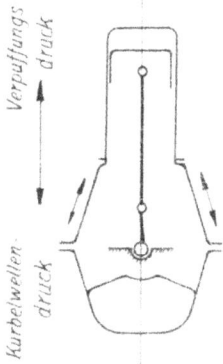

Verpuffungs druck

Kurbelwellen druck

Abb. 21.

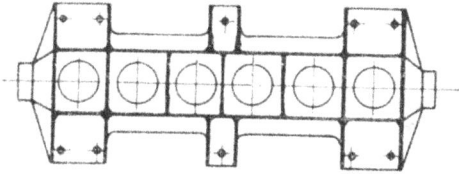

Abb. 22.

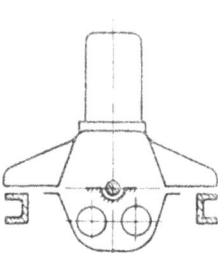

Abb. 23.

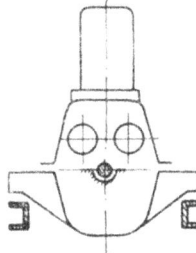

Abb. 24.

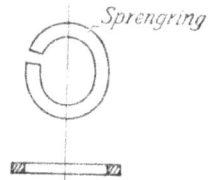

Sprengring

Abb. 25.

(Abb. 22). Die Praxis lehrte, daß Gehäuserippen der jetzigen Aluminiumlegierung kaum stärker als 4—6 mm zu halten sind. Denn bei zu großen Materialhäufungen wird der Aluminiumguß beim Gießen schwammig.

Die Gehäusefüße sind entweder am Gehäuseober- oder Unterteil, meistens wohl am Oberteil, da es so für den Motor selbst und den Einbau im Flugzeug am günstigsten ist; er baut sich dann niedriger (Abb. 23—24) und bekommt eine gefällige Form.

Auch beim Motorgehäuse sind die äußerlich sichtbaren Muttern der Lager- und Verbindungsschrauben von Ober- und Unterteil stets nachzusehen. Vor allem muß auf etwaige Risse, die in ihrer Nähe leicht auftreten, geachtet werden.

Sehr wichtige Schrauben sind ebenfalls die Befestigungsschrauben der Motorgehäusefüße am Flugzeug. Die Lagerschrauben sind bei jedem besseren Motor versplintet. Sprengringe (Abb. 25) als Schraubensicherung vermeidet man bei Aluminium tunlichst, da sie sich eindrücken.

Besonders die mittleren langen Lagerschrauben sind öfters nachzusehen und zu kontrollieren, da sie sich unter dem Einfluß der Explosionskräfte und der Gehäusewärme rhythmisch fortwährend längen und so event. ein Ausblasen des Kurbelgehäuses veranlassen können. Diese langen Bolzen müssen deshalb aus hartem Qualitätsstahl hergestellt und von der Fabrik aus nicht allein auf ihre Zerreißfestigkeit, sondern auch auf Längenänderung geprüft werden.

 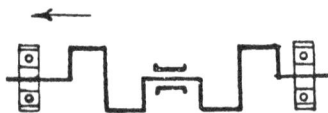

Abb. 26.   Abb. 27.

Beim vierzylindrigen Motor sind zumeist 3 Kurbelwellenlager vorhanden: das vordere, mittlere und hintere. Stärkere Motoren mit langem Hub haben zwischen jeder Kurbelkröpfung ein Lager, um ein Durchfedern der Kurbelwelle zu verhindern, welches Vibrationen verursachen würde (z. B. haben der 6-zylindrige Mercedes und Benz 7 Kurbelwellenlager). Außerdem haben Flugmotoren noch ein Doppeldruckkugellager, um den (bei 100 PS-Motoren z. B. etwa 300 kg betragenden) Längszug des Propellers (Abb. 26) aufzunehmen. Im vorderen Teile des Kurbelwellenraumes

befindet sich bei hochtourigen Maschinen auch das Untersetzungs-
getriebe für den Propeller; es ist entweder angegossen oder als
Ganzes angeschraubt.

Bei den Argus-Motoren älteren Typs wurde die Kurbelwelle
an beiden Enden in großen Kugeltraglagern gelagert, welche
gleichzeitig auch den Schraubenzug aufnahmen. Sie haben sich
aber in der Flugpraxis nicht bewährt, weil sie das Baugewicht des Motors erhöhen und bei Kugelbruch größere Defekte
verursachen[1]). Nur das mittlere war also ein Gleitlager (Abb. 27),
d. h. der Kurbellagerzapfen wurde von einer mit Weißmetall (Zinn
und Antimonlegierung) ausgegossenen Bronzebüchse (2 teilige Lagerschale) umschlossen. Gegenwärtig sind die Lagerbüchsen nicht
mehr aus Sparmetall, sondern aus Eisen. Sie werden innen mit
einem Weißmetallfutter umkleidet, das nach dem Spritzgußver-
fahren in einer Form hergestellt wird. Sämtliche Schmierlöcher
und Schmiernuten sind dabei fertig eingegossen und beanspruchen
nur eine sehr geringe Bearbeitung (Einschaben). Moderne Flugmotoren haben für die Kurbelwelle nur Gleitlager. Für den Propeller ist aber dann ein besonderes Druckkugellager nötig.

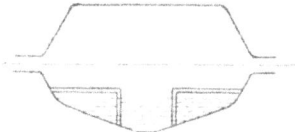

Abb. 28.

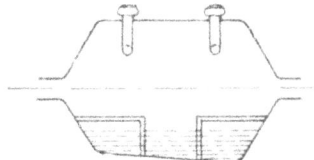

Abb. 29.

Dem Gehäuseunterteil (Abb. 28) wird eine entsprechende Form
gegeben, um zu verhindern, daß das Öl, welches sich darin für eine
Betriebsdauer von 6 bis 8 Stunden befindet, bei Schräglagen gegen
die rotierende Kurbelwelle kommt (Abb. 29). Selten setzt man
am Unterteil einen besonderen Ölbehälter an (Abb. 30); geschieht
dies doch, dann verwendet man meistens Messingblech, um ein
Reißen und Undichtigkeiten an den Lötstellen nach Möglichkeit
zu vermeiden. Bei den mit Überdruckschmierung versehenen

---

[1]) Neuerdings finden sie bei unseren Feinden jedoch wieder Verwendung bei den Hispano-Suiza-V-Motoren. Da unterdessen auch die
Kugellagerwerke bessere Erzeugnisse herstellen, ist es nicht ausgeschlossen, daß Kugellager wieder zur Verwendung kommen.

jüngsten Motoren nimmt das Gehäuseunterteil nur noch etwa
3—4 l Öl auf. Die übrige erforderliche Menge wird in einem besonderen Blechbehälter mitgenommen und das Gehäuse dadurch ent-
lastet.

Für die Festigkeit des Kurbelgehäuses bietet wohl die Form
nach Abb. 28 die meiste Gewähr, da die Materialbeanspruchung
in der mittleren Vertikalebene der Kurbelwelle größer ist als an
den Endlagern. Aus diesem Grunde ist auch das mittlere Kurbelwellenlager etwas breiter zu halten.

Die Kühlung des im Gehäuseunterteil befindlichen Öles
würde durch aufgesetzte Rippen, an denen der Fahrwind vorbei-
streicht, unterstützt werden. Diese Konstruktion wäre besonders
vorteilhaft bei V-Motoren anzubringen, wo durch die vermehrte

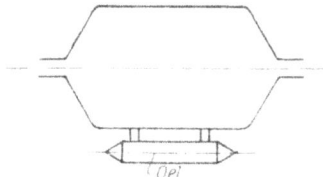

Abb. 30.

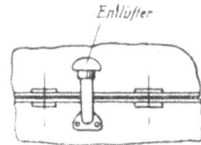

Abb. 31.

Wärmeausstrahlung der größeren Anzahl von Kolben in dem
verhältnismäßig kurzen und engen Kurbelgehäuse das Öl stärker
erhitzt wird. Maybach hat einen besonderen Ölkühler in das
Motorgehäuseunterteil in der Weise eingebaut, daß durch dessen
Kühlrohre der Fahrwind streicht. Auch alle anderen Konstruktionen sorgen auf ähnliche Weise für eine gute Ölkühlung. Neuerdings
haben fast alle Flugmotoren Überdruckschmierung. Damit der
Öldampf entweichen kann, sind am Gehäuse Entlüfter angebracht (Abb. 31), welche gleichzeitig zum Ölauffüllen benutzt werden. Vielfach steht zwecks besserer Luftzirkulation
und Kühlung das Gehäuse in Verbindung mit dem Vergasersaug-
kanal.

Die Flanschenschrauben zur Verbindung von Ober- und Unterteil dürfen nicht zu weit auseinander sein, weil sonst das Gehäuse
klafft, seine Festigkeit leidet und eventuell Öl durchgepreßt wird.
Auch bei den beiden äußeren Lagern der Kurbelwelle muß besondere Sorgfalt auf dichten Abschluß gelegt werden (Abb. 32). Eine
gute Abdichtung für die sich rasch drehende Kurbelwelle ist ein

großer Spritzring, der aber nur dann einwandfrei wirken kann, wenn er in einer genügend weiten Kammer sitzt, damit kein Druck entstehen kann und die Kammer einen weiten Ablaufkanal hat. Um weiter eine genügende Sicherheit der Öldichtigkeit zu erreichen, muß ein ungeteilter Filz aufgepreßt werden. Neuerdings wird vielfach an Stelle des Filzringes ein Schneckenrad aufgesetzt, das alles aus den beiden Endlagern ablaufende Öl zurückbefördert und so die beste Abdichtung schafft.

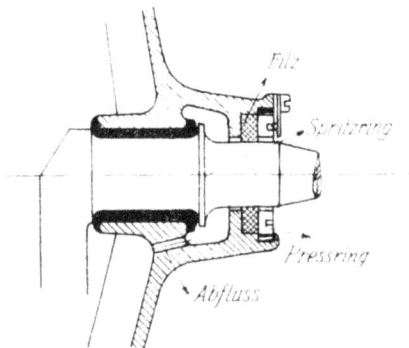 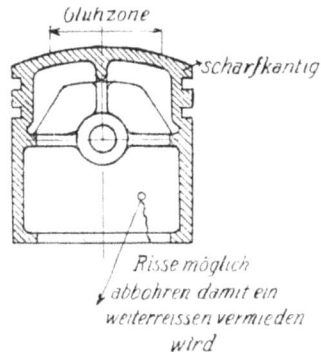

Abb. 32.   Abb. 33.

Damit das Öl im Innern des Gehäuses nicht durch die Luftstöße der auf und ab gehenden Kolben zerspritzt wird, sind Trennungswände aus Aluminiumblech angebracht. Die Wände sind etwas gewölbt; sie werden so widerstandsfähiger und geraten nicht in Schwingungen. In den Blechen müssen zum Abfluß des aus den Lagern austretenden Öles genügend Löcher vorhanden sein.

3. Die Kraftübertragung.

a) Der Kolben.

Die Kolben bestehen meist aus Gußeisen (Abb. 33). Kolben aus Aluminium wurden ihrer Leichtigkeit wegen versucht, waren aber zunächst durchaus unzuverlässig.

Neuerdings werden Kolben aus einer schmiedbaren Spezial-Aluminiumlegierung bei Flug- und Rennmotoren mit gutem Erfolg verwendet. Wenn es gelingt, die Wärmeabfuhr noch erheblich zu verbessern, etwa durch Ölkühlung, wie sie bei größeren

2*

Zylinderabmessungen angestrebt wird, dürften sie zu allgemeiner Verwendung kommen. Ihr geringes Gewicht bedingt ein leichteres Bewegen der Massen, d. h. eine Steigerung der Umdrehungen und damit Mehrleistung. Bei den hochtourigen Maschinen ist eine Untersetzung des Propellers notwendig (Abb. 36).

Wenn die Höhe eines Kolbens viel kürzer ist als sein Durchmesser (Abb. 34 u. 35), so neigt er zum Klopfen. Dieses (eine Art Hämmern) macht sich namentlich bei starker Vorzündung

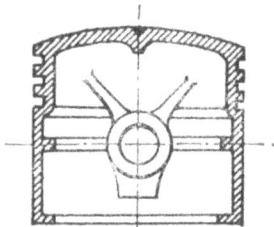

Mercedes
Gußkolben

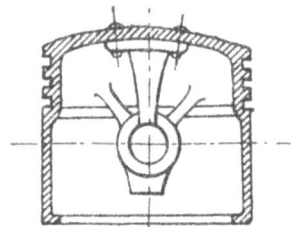

Abb. 34.

Benz

Abb. 35.

bemerkbar und erzeugt dann einen sehr hellen Ton. Übertriebene Länge des Kolbens aber ist auch ein Fehler; sie drückt die Leistung herunter, da der Kolben zu schwer wird.

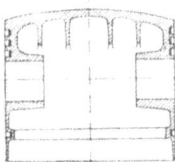

Aluminiumkolben

Abb. 36.

Der Boden eines Kolbens muß aufs sorgfältigste hergestellt sein (Abb. 36). Er muß also zunächst genügende Festigkeit gegen den Verpuffungsdruck haben, der unmittelbar auf dem Kolbenboden, und zwar mit einem Druck von etwa $27-30$ kg/cm^2 im Moment der Explosion lastet. Die Stärke des Kolbenbodens ist ein Erfahrungswert: beim Gußkolben muß sie in der Mitte mindestens $5-6$ mm betragen, damit er nicht durchglüht und bricht. Ein zu dünner Boden verursacht auch leicht Selbstentzündungen. Wenn er einbricht, kann er den ganzen Zylinder zerstören. Benz stützt den Kolbenboden ab (Abb. 35). Er leitet dadurch auch rasch die Wärme vom Boden weg durch den Kolbenbolzen.

Der Kolben wird so leicht wie möglich gehalten, da gerade er als hin und her gehender Teil bei der Entstehung der schäd-

lichen Massenkräfte am meisten einwirkt. Auch vermindert ein
schwerer Kolben den mechanischen Wirkungsgrad der Maschine.
Ein nicht unerheblicher Teil der Leistung geht in Erschütterung
und Reibung verloren, wenn der Kolben nicht leicht ist. Das

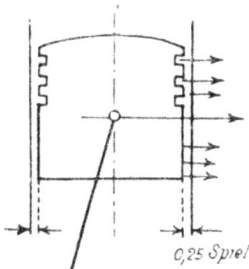

0,25 Spiel

Abb. 37.

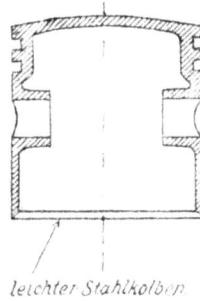

leichter Stahlkolben.

Abb. 38.

Spiel des Kolbens (Abb. 37) im Laufrohr richtet sich nach dem
zur Verwendung kommenden Kolben- und Zylindermaterial und
den Abmessungen. Bei Neukonstruktionen kann es nur versuchs-
weise festgestellt werden. Bei Zylindern aus Grauguß muß der Guß

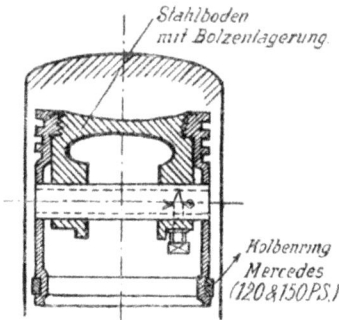

Stahlboden
mit Bolzenlagerung.

Kolbenring
Mercedes
(120 & 150 P.S.)

Abb. 39.

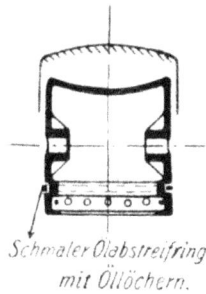

Schmaler Ölabstreifring
mit Öllöchern.

Abb. 40.

der Kolben etwas weicher sein, damit der Verschleiß nicht in dem
Zylinderstück, sondern in dem leicht auswechselbaren Kolben auftritt. Aluminiumkolben sind leichter zu schmieren und haben den
Vorteil, daß bei ungenügender Schmierung nur der Kolben anfrißt,
daß teure Laufrohr aber in der Regel unversehrt bleibt. Es gibt

also kein Festbrennen. Ein Stahlkolben (Abb. 38) kann leichter
sein als ein Gußkolben, bietet aber erhöhte Betriebsschwierigkeiten,
da er bei dem hohen Gleitbahndruck reichlichere Schmierung benötigt. Neuerdings wird bei den 160 PS-Mercedes-Motoren die
Führung des Kolbens aus Gußeisen und der Boden mit Kolben-
bolzenlager aus Stahl hergestellt (Abb. 39). Stahl auf Stahl läuft
nicht gut, wohl aber Stahl auf Gußeisen. Bei größeren Stahlzylindern könnte man daher vielleicht vorteilhaft umgekehrt nun
gußeiserne Kolbenlaufbahn einsetzen und dann den Kolben aus
Stahl herstellen.

Treten trotz hinreichend dicken Kolbenbodens Selbstzündungen auf, so muß die Zündung etwas später erfolgen. Bei Aluminiumkolben kommen Selbstzündungen, die durch eine auf dem
Kolbenboden sich ansammelnde glühende Ölkruste herbeigeführt
werden, kaum vor. Selbstzündungen gibt es auch bei zu kleinem
Explosionsraum. Dann müßten eigentlich Kolben mit konkavem
Boden (Abb. 40), damit der ganze Verbrennungsraum größer wird
und sich der Kugelgestalt nähert, oder Blechplatten zwischen
Zylinderfuß und Gehäuse verwendet werden. Umgekehrt erhöht
man die Kolben bei den überkomprimierten Motoren, um den Verbrennungsraum zu verkleinern. Auf dem Boden und bis zu einer
Flughöhe von etwa 2000 m muß dann der Motor gedrosselt, d. h.
ohne Vollgas, laufen. Bezüglich der Festigkeit ist aber der hoch-
gewölbte Kolbenboden der günstigste. Bei den überkomprimierten
Mercedesmotoren kommt der nach oben gewölbte Boden wieder zur
Anwendung. Um bei Selbstzündungen einigermaßen abzuhelfen,
kann Benzin von geringerem Heizwert (Auonapht 0,75, Ber.zol) genommen werden. Alle besseren Motoren laufen mit Leichtbenzin
(0,68 bis 0,72 spez. Gew.), da es eine höhere Leistung erzeugt.

Flugmotorenkolben hatten früher des Gewichtes wegen vielfach nur zwei sich selbst spannende Ringe (Abb. 42), neuerdings
haben sie zur besseren Abdichtung deren drei. Mercedes 160 PS
und andere stärkere Motoren haben außerdem am unteren Rande
des Kolbens einen vierten Ring, der hauptsächlich zum Abstreifen
des Öles dient (Abb. 43). Die Ringe (Abb. 42) brechen manchmal
an der Spitze ab und erzeugen dann Riefen in der Zylinderlauffläche, oder sie verlieren ihre Elastizität und müssen dann ausgewechselt werden. Ob die Ringe dicht halten, bemerkt man an
der Kompression. (Zunächst müssen aber, wenn man irgend-

welche Undichtheit wahrnimmt, natürlicherweise immer die Ventile geprüft werden.) Undichte Kolbenringe bringen den größten Verlust an Arbeitsdruck. Deshalb sind solche mit schwarzen Flecken auszuwechseln. Man bedient sich dazu dreier Streifen Weißblech von etwa 10 mm Breite, die man in gleichen Abständen unter den abzunehmenden Ring schiebt. Man gehe dabei vorsichtig zu Werke und verbiege und verkante die Ringe nicht. Die neuen Ringe müssen in die Nuten (Abb. 44) gut passen und sich leicht drehen.

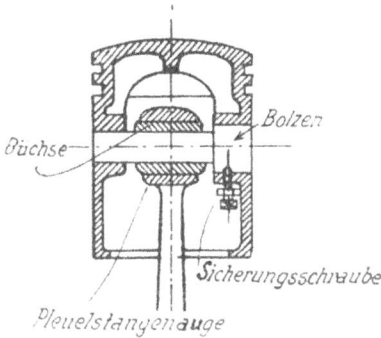

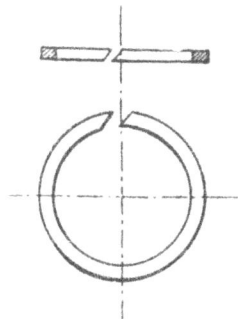

Abb. 41.

Abb. 42.

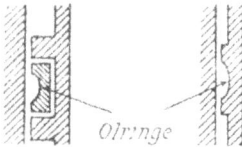

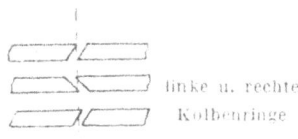

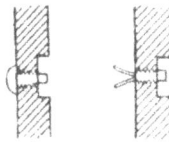

Abb. 43.

Abb. 43a.

Abb. 44.

Auf Stifte am Stoß der Kolbenringe sollte man besser verzichten. Sie schlagen sich leicht aus und können den ganzen Zylinder zerstören. Man wähle lieber rechte und linke Kolbenringe, die man so auflegt, daß die Stöße gegeneinander versetzt sind und die Schlitze sich schneiden (Abb. 43a). Natürlich muß der Ring auch genau in das Laufrohr passen; er wird am besten in einem eigens zum Einschleifen verwendeten älteren Laufrohr von gleicher Größe eingeschliffen. Am Stoß soll ein Sicherheitsspiel von 0,3—0,5 mm vorhanden sein, damit sich der beim Betriebe erhitzte Ring auch ausdehnen kann (Abb. 45). Um die sich selbst spannenden Ringe zusammenzupressen, bedient man sich beim Aufsetzen der Zylinder am besten einer Schelle aus Blech.

Der Kolbenboden darf nicht mit einem großen Radius außen
an die Kolbenwand angeschlossen sein; in diesem Falle würden
sich nämlich losgelöste Teile der harten Ölkruste zwischen Kolben
und Zylinderwand klemmen und ein Anfressen verursachen. Der
Übergang muß vielmehr scharfkantig sein. Wenn ein Kolben
während des Laufes einbricht, strömt plötzlich viel
weißer Ölqualm aus den Entlüfterrohren. Trägt bei
gelegentlicher Demontage ein Gußkolben in der Mitte
roten Zunder, so ist es ratsam, ihn auszuwechseln, bevor ein Bruch erfolgt. Die Kolben reißen auch gerne von
unten herauf infolge von Materialspannungen bei zu geringem
Spielraum oder infolge zu dünner Wandung. Ferner dürfen etwaige
Rippen bei Gußkolben am Kolbenboden nicht zu hoch sein, weil

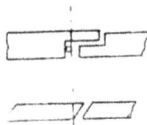

Abb. 45.

Abb. 46.

sie dann leicht Gußspannungen verursachen und zu einem Ein-
reißen führen können. Der Kolben frißt in der Regel die Mitte
der Laufbahn an, weil er dort seine größte Geschwindigkeit hat.

Der Kolben ist mit der Pleuelstange durch den Kolbenzapfen
oder Bolzen (Abb. 46) verbunden, welcher den Explosionsdruck
vom Kolben auf die Pleuelstange überträgt. Der Bolzen darf
nie Riefen haben. Er läuft in einer Bronze- oder glasharten Stahl-
büchse (Abb. 41). Mercedes verwendet Gußbüchsen. Ein Anfressen dieses Bolzens macht sich durch schrilles Pfeifen oder
Ächzen hörbar. Früher waren Handöler für Zylinderschmierung
vorhanden, und es mußte dann sofort viel Öl in die Zylinder ge-
spritzt werden. Beim weiteren Laufe kam es vor, daß sich dann
der Bolzen in dem Kolben anstatt in der Büchse der Pleuelstange
drehte und schon nach einigen Minuten der Kolben zerrissen
wurde. Allerdings stieg der Motor für einige Augenblicke wieder
in der Leistung, nachdem sich der Bolzen in den Kolbenaugen durch
Abscheren der Sicherheitsschrauben Platz geschafft · hatte (Abb.
47—51.) Der Kolbenbolzen muß gegen Verdrehung und axiale
Verschiebung gesichert sein. Zur genügenden Sicherung des Be-

triebes muß für denselben ein Material verwendet werden, welches
einmal eine große Widerstandsfähigkeit gegen die heftigen Explosionsstöße besitzt, zum anderen von solcher Oberflächenbeschaf-
fenheit ist, daß die oszillierende Reibung an dieser außerordentlich
heißen und für die Schmierung
ungünstigen Stelle die Oberfläche
nicht angreift. Man verwendet
für den Kolbenbolzen ein Mate-

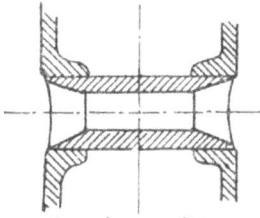

Cylindrischer Bolzen
durch Ausbohren erleichtert
Abb. 47.

Cylindrischer Bolzen
mit Cylinder-Ansatz.
Abb. 48.

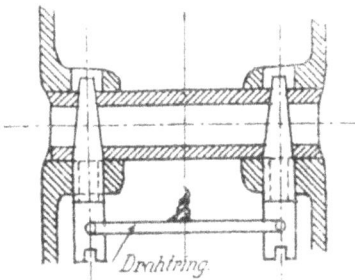

Drahtring.

Abb. 49.

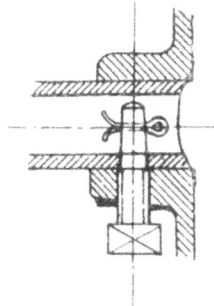

Abb. 50.

rial (Spezial-Flußeisen), welches nach dem Einsetzen und Härten
in seinem Innern weich und zäh bleibt, an der Oberfläche jedoch
eine große Härte aufweist. Im allgemeinen besitzt dasselbe eine
Zerreißfestigkeit von 40 bis 60 kg pro mm²
und eine Dehnung von 35 bis 18%. Die Kolbenbolzen werden nach dem Härteprozeß präz-
ise geschliffen. Sie sind an beiden Enden leicht
konisch, und zwar ist das eine Ende meist um
etwa $^1/_{10}$ mm stärker. Sie werden also mit
leichtem Festsitz (durch Schlag mit dem Holz-
hammer oder Hammerstiel) in die Augen am
Kolben gepreßt; in der Mitte haben sie Lauf-

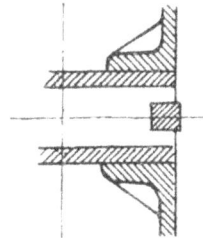

Abb. 51.

sitz. Beim Zusammensetzen nach einer Demontage achte man also peinlich darauf, daß man den Bolzen richtig einschiebt!

b) Die Pleuelstange.

Die Pleuelstange (Abb. 52 u. 54) wird durch den Arbeitsdruck auf Knickung und durch die Fliehkräfte der Stangenmasse auf Biegung beansprucht. Diese Kräfte erreichen ganz beträchtliche Werte und können mehrere tausend Kilogramm im Moment der Explosion betragen. Daraus und aus dem Umstand, daß innerhalb einer Sekunde mehrere derartige Explosionsstöße die Pleuelstange belasten, kann man erkennen, ein wie wichtiges Organ auch diese für den ganzen Motor ist. Es kann deshalb nur allerbester Stahl zur Verwendung kommen. Die Pleuelstange überträgt die Explosionskraft mittels eines großen Weißmetalllagers (Abb. 53) auf die Kurbelwelle. Dieses muß stets reichlich geschmiert werden. Das Weißmetall allein hat die Eigenschaft, auf ungehärteten Kurbelwellen dauernd gut zu laufen. Neuerdings wird Aluminium versucht.

Schmilzt während des Laufes ein solches Lager aus, so hört man ein kräftiges Klopfen im Kurbelgehäuse. Ein vorheriges starkes Klemmen dieser Lager kann Pleuelstangenbruch herbeiführen. Ein solches Klemmen läßt sich leicht konstatieren, wenn der Motor nach längerem Lauf beim Abstellen nicht zurückfedert, sondern in irgendeiner Lage hart stehen bleibt. Beim langsamen Drehen ist ein trockenes Grunzen vernehmbar, das aufhört, sobald der Motor etwas erkaltet ist. In einem solchen Falle müssen die Lager unbedingt nachgesehen werden. **Man beobachte also immer, ob der Propeller beim Abstellen ausschwingt (zurückfedert)!**

Die Pleuelstangenschrauben müssen stets gut angezogen und versplintet sein. Der Pleuelstangenkopf ist stets geteilt und der Deckel mit 2 oder 4 Schrauben, je nach der Breite des Lagers, befestigt (Abb. 54). Um einem Verziehen des Kopfes und Klemmen in Nähe der Schrauben zu begegnen, muß man seitlich etwas frei schaben, wenn nicht, wie bei Mercedes, an den Seiten Aussparungslöcher vorhanden sind. Das Klopfen im Gehäuse ist deutlich von dem in den Zylindern zu unterscheiden. Ein andauerndes

leichtes Klopfen in den Zylindern deutet auf zu kleine Kolben hin,
man nennt dieses Klappern. Bei stärkerem Klopfen in den Zylindern haben sich die Kolbenbolzenbüchsen ausgeschlagen und

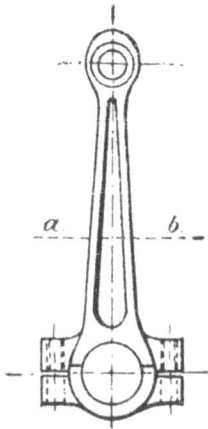

Abb. 52.

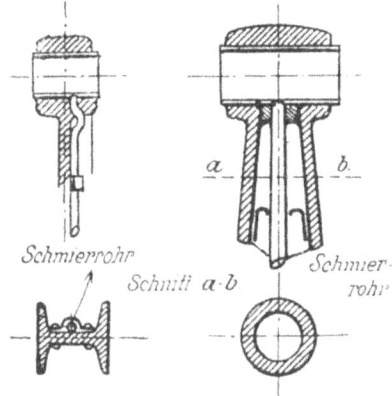

Schmierrohr

Schnitt a·b

Schmier-rohr

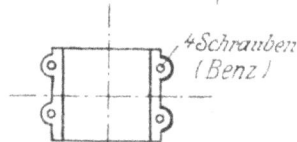

4 Schrauben (Benz)

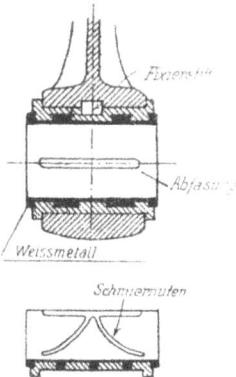

Fixierstift

Abfasen

Weissmetall

Schmiernuten

Abb. 53.

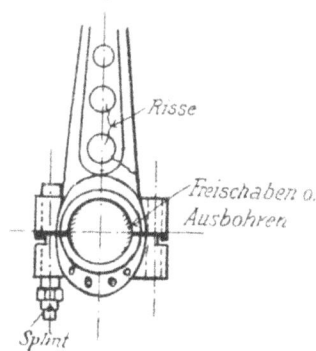

Risse

Freischaben o. Ausbohren

Splint

Abb. 54.

müssen durch neue ersetzt werden. Hört man dagegen Klopfen
im Gehäuse, so ist in den Pleuelstangenlagern Spiel
vorhanden, das behoben werden muß, weil sonst die
Schrauben abreißen. Das eine Ende der Pleuelstange ist als

Auge gestaltet und nimmt die Kolbenbolzenbüchse auf. Bei
Mercedes dreht sich diese sowohl auf dem Bolzen als in dem ge-
schliffenen Auge. Normalerweise dreht sie sich auf dem Bolzen,
da im Auge $^1/_{100}$ mm strenger eingepaßt wird. Dieses wird bei der
Massenfabrikation durch eine gewissenhafte Kontrolle durch
Toleranzlehren ermöglicht. Sitzt die Büchse festgepreßt im Pleuel-
stangenauge, so ist keine doppelte Sicherheit gegen Anfressen ge-

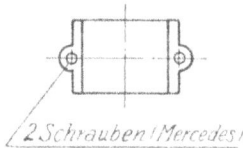

Abb. 55.

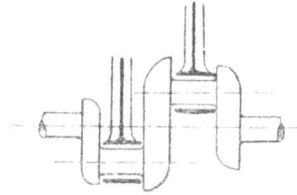

Abb. 56.

geben. Bei seitlich versetzen Pleuelstangen (Abb. 56) tritt auch
noch Biegung der Stangen ein, welche die Knickgefahr erhöht und
die Reibungsarbeit vermehrt. Deshalb werden die Lager auch eher
einseitig auslaufen. In dem Pleuelstangenkopf sind Schmiernuten
zur Verteilung des Öls, die je nach der Art der Schmierung verschieden sind. Am meisten werden zwischen beiden Lagerschalen
Abfasungen (Abb. 53) oder spiralförmige Schmiernuten angebracht. Viele Neukonstruktionen haben keine Schmiernuten mehr!

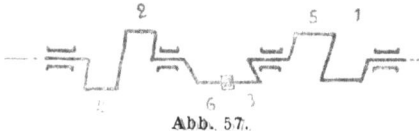

Abb. 57.

Abb. 57a.

c) Die Kurbelwelle.

Die Kurbelwelle (Abb.
57, 57a u. 58) leitet die auf
sie übertragene Energie als
Drehmoment weiter. Sie
wird hauptsächlich auf Biegung und Torsion (Ver-
drehung) beansprucht. Als
Material wird vergüteter
Chromnickelstahl verwen-
det, dessen Zerreißfestigkeit 80 bis 95 kg pro mm² und dessen
Dehnung nicht unter 10% beträgt. Beim Sechszylinder bilden die
drei Kröpfungspaare untereinander Winkel von 120° bzw. 240°, weshalb die Kurbelwelle vielfach aus dem Vollen (Abb. 59) gearbeitet
wird. Besondere Sorgfalt ist auf ihre Ausbalancierung zu legen.

Von der Kurbelwelle aus werden dann die Steuerung, die Öl- und Wasserpumpe und die Magnete angetrieben. (Siehe Tafel.) Die Antriebe müssen bei Neukonstruktionen sorgfältigst durchdacht werden. Besonders ist bei Kegelradgetriebe die Längen-

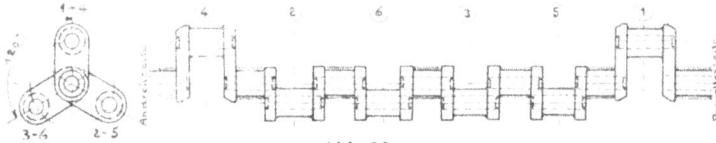

Abb. 58.

änderung der Kurbelwelle während des Betriebes im Auge zu behalten. Sie übersteigt die des umgebenden und gekühlten Gehäuses um etwa 1 mm. Deshalb muß in allen Gehäuselagern seitlich ein kleiner Spielraum sein. Es hat sich in der Praxis

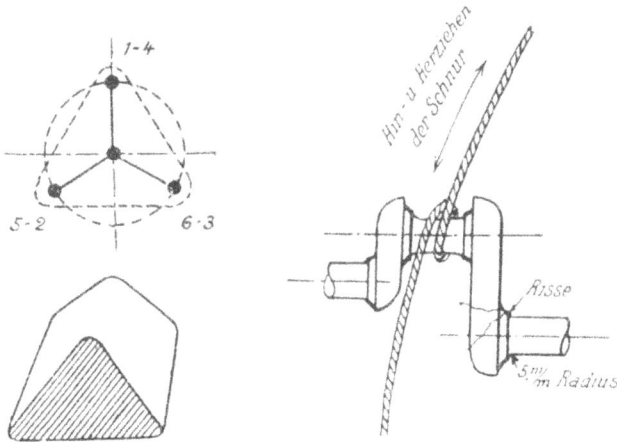

Abb. 59.

Abb. 60.

gezeigt, daß man vorteilhaft das mittlere Lager der Kurbelwelle etwas breiter bemißt als die übrigen mit Ausnahme des Lagers am Propeller. Der Grund wird wohl die Durchbiegung des Gehäuses sein.

Der Propeller wird meistens noch mit Konus aufgesetzt. Besser wäre wohl, wenn allgemein der Flansch zur Anwendung kommen könnte wie beim Benzmotor.

Bei Anordnung der Apparate, Magnete, Pumpen, FT-Dynamo wird der Konstrukteur eine verständliche Symmetrie durchführen und so die Bedienung in dem engen Fahrzeug nacl Möglichkeit zu vereinfachen, zu erleichtern suchen.

Von ganz besonderer Wichtigkeit ist die Schmierung der Kurbelwelle. Schmiernuten dürfen in die Kurbelwelle nicht einge-fräst werden, sondern müssen sch stets in der Lagerschale befinden.

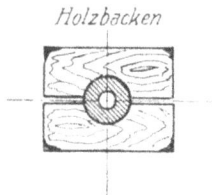
Holzbacken

Abb. 61.

Etwa gebildete Riefen auf den Lagerzapfen müssen mit Seilschnur, Öl und Staubschmir-gel oder mit zweiteiligen Holzbacken beseitigt werden (Abb. 60 u. 61). Die Kurbelwelle ist hohl und vermittelt durch geeignete Bohrungen die Schmierung für die Pleuelstangenlager, oberen Kolbenbolzen und Zylirderwände.

Risse bilden sich meist in den Ecken am Übergang zwischen Arm und Zapfen. Der Radius an diesen Stellen muß mindestens 5 mm betragen. Wenn ein Gehäuselager ausgeschmolzen ist, so muß stets kontrolliert werden, ob die Kurbelwelle noch gerade ist (nicht schwankt), desgleichen wenn der Propeller ab-gerissen wird.

4. Die Steuerung.

a) Ventile.

Um die Ventile gegen Abbrennen widerstandsfähiger zu machen, wird 5 proz. Nickelstahl oder Wolframstall verwandt. Die Einlaßventile bleiben fast ununterbrochen in gutem Zustande, während die Auslaßventile je nach der Ventilschaftkühlung nach 20 oder 30 Betriebsstunden nachgeschliffen werden müssen. Denn durch die heißen Auslaßgase entstehen kleine Vertiefungen im Schleifrand, weil in das rotwarme Ventil Rußteile angequetscht werden. Das Nachschleifen darf nur mit feinstem Staubschmirgel und Öl geschehen. Beim Schleifen muß nach jeder Drehung das Ventil leicht abgehoben werden, damit sich die Schleifpasta jeder-zeit wieder verteilen kann. Ein kontinuierliches Drehen (etwa mit Handbohrmaschine und ohne Feder) mit seltenem Abheben er-zeugt tiefe Rillen im Schleifrand (Abb. 64—65).

Der Schleifrand muß ganz gleichmäßig glatt sein, ohne schwarze Stellen und Poren. Durch nachträgliches Trockenreiben und

Drehen ohne Öl auf dem Sitz muß ringsum am Ventilrand ein glänzender Spiegel von mindestens 1 mm Breite entstehen. Eine letzte Kontrolle ist die, daß man Benzin in den Explosionsraum schüttet; tropft keins durch, dann schließt das Ventil gut.

Verzogene Ventile, d. h. solche, die durch die Erhitzung sich geworfen haben und große, einseitige schwarze Stellen erzeugen, welche durch längeres Schleifen von Hand nicht verschwinden, müssen nachgedreht, oder besser auf einer Schleifmaschine nachgeschliffen werden.

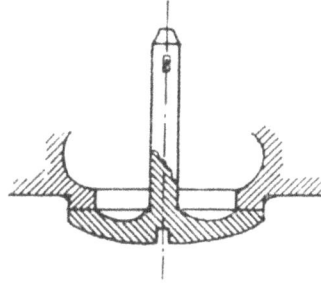

Abb. 63.

Dies kann nur in eigens hierfür eingerichteten Werkstätten geschehen, da die Arbeit fachmännische Übung erfordert.

Ventile, die nicht genau im Außen- und Innendurchmesser des Sitzes übereinstimmen, schlagen sich ein und schließen schlecht;

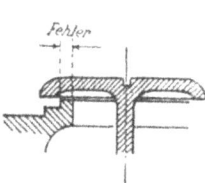
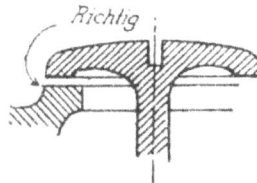

Abb. 64.

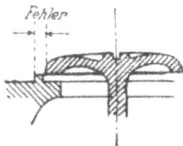
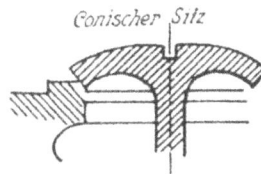

Abb. 65.   Abb. 66.

dieser Mangel muß durch Nachdrehen des Sitzes oder des Ventildurchmessers beseitigt werden, da ein richtiges Einschleifen sonst unmöglich ist (Abb. 63—68).

Ventile von allzu großem Durchmesser und flachem Sitz werfen sich leicht, werden krumm und sind schwer nachzuschleifen.

Um dem von vornherein einigermaßen abzuhelfen, werden die Ventile vor dem Fertigdrehen in der Fabrik gut ausgeglüht.

Je schlechter das Ventilmaterial ist, desto häufiger kommen Ventilbrüche vor (Abb. 67); am häufigsten sind sie beim Auspuffventil wegen der großen Hitze der Auspuffgase. Der glühende Schaft bricht vom Teller ab, so daß

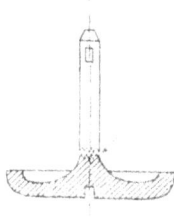

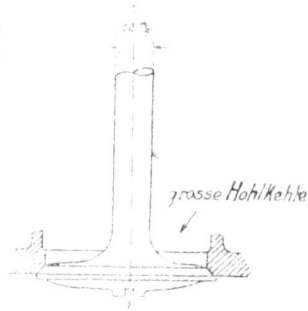

grosse Hohlkehle

Abb. 67.   Abb. 68

bei den meist hängend angeordneten Ventilen der Teller in den Zylinder fällt und den Kolbenboden durchschlägt. Ein Auslaßventil von etwa 70 mm Außendurchmesser muß einen massigen Teller sowie große Hohlkehle und einen mindestens 12 mm starken Schaft besitzen (Abb. 68). Dies ist namentlich bei schräg und hängend angeordneten Ventilen von großer Wichtigkeit.

Besonders luftgekühlte Motoren, bei denen die Ventilführungen nicht gekühlt werden, müssen diesen massigen Auslaßventilteller mit sanftem Übergang haben. Beim wassergekühlten Motor wird ja die Kühlung der Ventilführung allseitig angestrebt und mehr oder weniger glücklich gelöst.

Die Einlaßventile können schwächere Wandung im Teller besitzen, da die an sich kalten Einlaßgase das Ventil gut kühlen. Jedoch sprechen praktische Gründe — gleiche Ersatzteile — dafür, sie gleichzumachen, wie es zurzeit bei den meisten Konstruktionen auch geschieht.

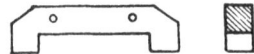

Abb. 69.

Der Ventilschaft dient zur Führung des Ventils, an seinem Ende wird der Federteller angebracht, gegen den sich die das Ventil schließende Feder stützt. Man kontroliere stets, ob die Ventilkeile, welche den Federteller halten, sich nicht verschoben haben und noch ganz sind (Abb. 69). Ein Herausfallen des Keils

oder Federbruch kann ebenfalls zur Folge haben, daß das Ventil
in den Zylinder hineinfällt. Mercedes sichert deshalb den Federteller bei allen Motoren mit Gewinde und versplintet die Muttern,
wodurch möglichst große Sicherheit gewährleistet wird. Zur unbedingt sicheren Befestigung des oberen Federtellers dienen bei
Benz zwei als Keile verwendete Kegelhälften (Abb. 70). Der N.A.G.
verwendet in entsprechender Weise zylindrische Keile.

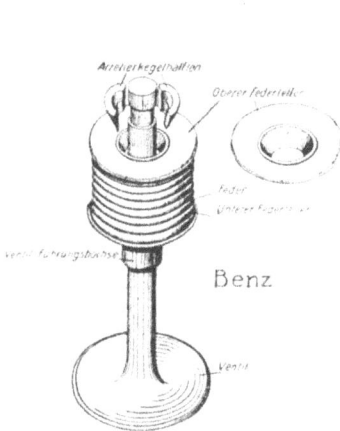 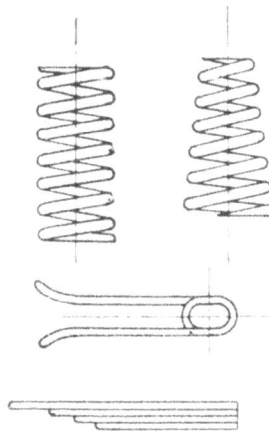

Abb. 70.   Abb. 71.

Um den Bau oberhalb der Zylinder möglichst niedrig zu halten
und so an Gewicht zu sparen, werden auch mehrblättrige Flachfedern verwendet (Abb. 71). Bei Bruch eines Blattes kann dann
das Ventil noch weiter betätigt werden, jedoch haben solche
Flachfedern den Grundfehler, daß sie das Ventil nicht zentrisch
anpressen, und tatsächlich kommen an solchen Konstruktionen
mehr Defekte vor, die Ventile verziehen sich leichter und müssen
öfter nachgeschliffen werden. Zylindrische oder etwas konische
Spiralfedern aus hochwertigem Federstahl sind unbedingt vorzuziehen.

b) Das Ventilgestänge.

Ein Ventilgestänge im eigentlichen Sinne ist nur bei Motoren
mit unten im Gehäuse liegender Steuerwelle vorhanden. Durch
die Stößel, Stoßstangen etc., wird die vom Steuernocken ausgehende
Stoßbewegung auf die Ventilhebel, oder bei oben liegender Steuer-

welle durch oder ohne Kipphebel direkt auf die Ventilschäfte
übertragen. (Abb. 72—78.)

Die Führung des Ventilschaftes bildet eine ihn umschließende
zylindrische Büchse. Beim Auspuffventil hat sich Gußeisen,
beim Einlaßventil Bronze als das beste Material dazu bewährt.

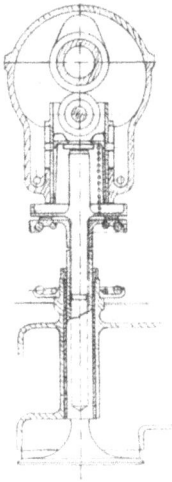

Die eingesetzten Büchsen haben auch den Vorteil, daß sie bei etwaigem Verschleiß ausgewechselt werden können, ohne daß der Zylinder
hierdurch Schaden leidet.

Da die Ventilführungen nicht automatisch
geschmiert werden, ist es unbedingt erforderlich, vor jedem Fluge etwas mit Petroleum vermischtes Öl in sie hineinzuspritzen (besonders Auspuff).

Das Ventil hat
seinen Sitz entweder
direkt im Zylinder
(die üblichste und
zweckmäßigste Anordnung) oder auf besonders eingesetzten
Sitzen. Im ersten
Falle kann der Zylinderkopf und das Ven-

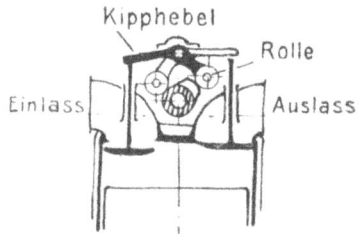

Abb. 72.

Abb. 72 a.

til in der gewünschten Weise gekühlt werden. Bei den eingesetzten
und herausnehmbaren Ventilsitzen wäre es erwünscht, das Kühlwasser bis an diesen Sitz heranzuführen. Aber auch dann, wenn
dies einwandfrei praktisch durchgeführt werden könnte, wird die
Kühlung des ganzen Zylinderkopfes durch die Einbauten ungünstig
beeinflußt. Der Vorteil des herausnehmbaren und leicht auszuwechselnden Ventilsitzes ist also nur ein scheinbarer, da die Wärmeabführung beeinträchtigt ist. Es hatte sich in der Praxis gezeigt,
daß die Idee der herausnehmbaren Ventilsitze gut war; jedoch
läßt sie sich bei den blechdünnen Wandstärken eines Flugmotorenzylinders praktisch nicht einwandfrei ausführen.

Die Stellschrauben und Muttern an den Ventilhebeln sind
stets nachzukontrollieren. Zwischen Ventilschaft und Stellschraube
ist stets ein Tropfen Öl zu geben, um eine frühzeitige Abnutzung
zu verhindern.

c) Die Steuerwelle.

Die Steuerwelle dient zur Steuerung der Ventile. Sie wird aus Einsatzstahl aus dem Vollen hergestellt. Die Oberfläche der Nocken muß glashart, das Innere der Welle dagegen zäh sein. Der Gewichtsersparnis wegen wird sie hohlgebohrt; die Bohrung dient gleichzeitig als Ölkanal. Die Anhubstangen und die Schwinghebel haben gehärtete Stahlrollen, die sich beim Öffnen des Ventils auf den Nocken abwälzen. (Die Rückbewegung des Ventils und des Kipphebels bewirkt die vorhin besprochene Ventilfeder.)

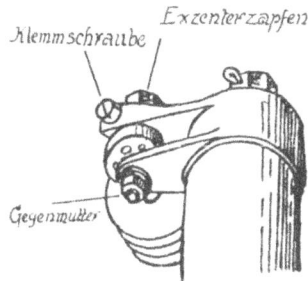

Abb. 73.

Die Steuerwelle (Abb. 74—77) liegt entweder im Motorengehäuse (Argus, Benz, Maybach) oder auf den Zylindern (Mercedes, Basse & Selve, M.A.N., Bayerische Motorenwerke). Im ersten Falle sind Stößel und Stoßstange nötig, im zweiten greift der Nocken direkt am Ventilhebel an. Obenliegende Steuerwelle wird durch Kegel-

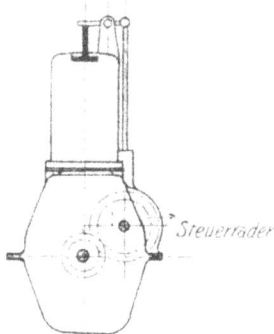

Abb. 74.

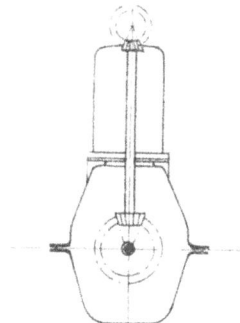

Abb. 75.

radtrieb und Vertikalwelle angetrieben, untenliegende erhält ihren Antrieb direkt von der Kurbelwelle durch Stirnräder. Bei obenliegender Nockenwelle befindet sich die Vertikalantriebswelle entweder auf der Andreh- oder der Propellerseite. Zweckmäßig

3*

ist es, wenn möglichst alle Antriebsvorrichtungen auf derselben Seite liegen (siehe Tafel). Eine wenig glückliche Idee war
es, die Kühlwasserpumpe um die Vertikalwelle zu bauen, da

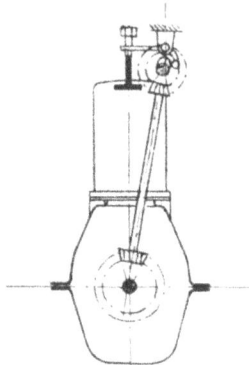

Schrägliegende Antriebswelle
Abb. 76.

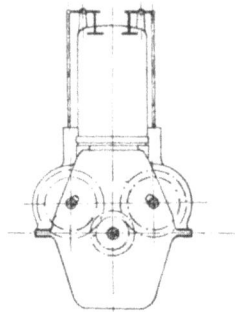

Abb. 77.

sie sich schlecht abdichten ließ. Die Konstruktion ist daher
schon wieder aufgegeben (Abb. 83). Die Nockenwelle läuft stets
nur halb so schnell wie die Kurbelwelle. Das Maschinengewehr

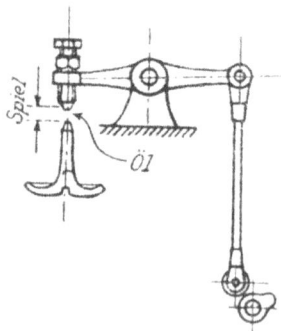

Abb. 78.

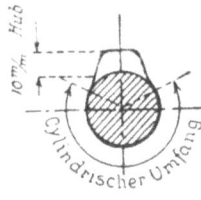

Abb. 79.

wird durch einen besonderen Antrieb meist mit der Steuerwelle
gekuppelt. Um nach einem Auseinandernehmen des Motors das
Zusammensetzen zu erleichtern, sind die zueinander gehörigen
Stellungen der Zahnräder markiert (Abb. 82—84).

Das Spiel im Ventilgestänge (Abb. 78) ist bei allen Motoren nachstellbar. Um sicher zu sein, daß die Ventile im warmen Zustande schließen, muß das Spiel im kalten bei Einlaßventilen $^2/_{10}$ mm, bei Auslaßventilen $^4/_{10}$ mm betragen. Je genauer der zylindrische Umfang der Nocken (und die Konstruktion der Steuerung überhaupt) (Abb. 79) geschliffen ist, desto weniger Spiel kann gegeben werden.

Das Auslaßventil muß in kaltem Zustande deshalb mehr Spiel erhalten, weil sich sein Schaft infolge Glühens viel mehr verlängert als beim Einlaßventil.

Zu großes Spiel, namentlich im Einlaßgestänge, verursacht Kraftverlust, denn der Hub der Ventile von ca. 10 mm verkleinert sich genau um den Betrag des Ventilspieles. Stärkere Motoren erfahren durch Verschieben der Nockenwelle eine Abschwächung der Kompression. Die Auslaß- oder eventuell Einlaßventile (Abb. 81) werden beim Verschieben der Welle durch Zusatznocken etwas geöffnet, wodurch das Durchdrehen und Anlassen erleichtert wird.

Man kann auch weiter durch die geöffneten Einlaßventile vermittelst einer großen Handpumpe Gemisch in den Zylinder saugen (Maybach), so daß das Durchdrehen des Motors von Hand vermieden wird. Diese Ausführung ist bei ganz starken Motoren Bedingung. Stärkere 6-Zylinder-Motoren von 200 PS an aufwärts müssen zur Erlangung genügender Betriebssicherheit und der nötigen spezifischen Leistung Mehrventilanordnung haben. Um eine hinreichende Menge Gas ein- und auszulassen, müßten Einzelventile zu groß im Durchmesser sein; denn es würden sich große Schwierigkeiten, hauptsächlich für das Abdichten und Abbrennen, ergeben. Man verteilt also den Ein- und

Benz u. Argus.

Mitte-Steuerwelle.

Mercedes.

Einlaßseite   Auslaßseite

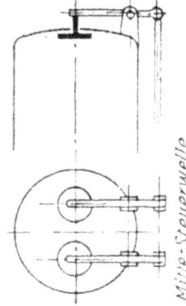

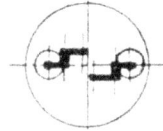

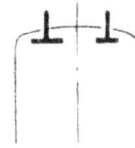

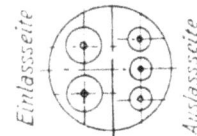

Maybach
Mehrventilanordnung
Abb. 80.

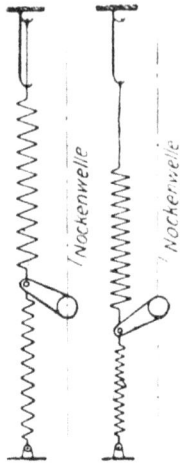

Abb. 81.

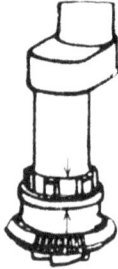

Abb. 82.

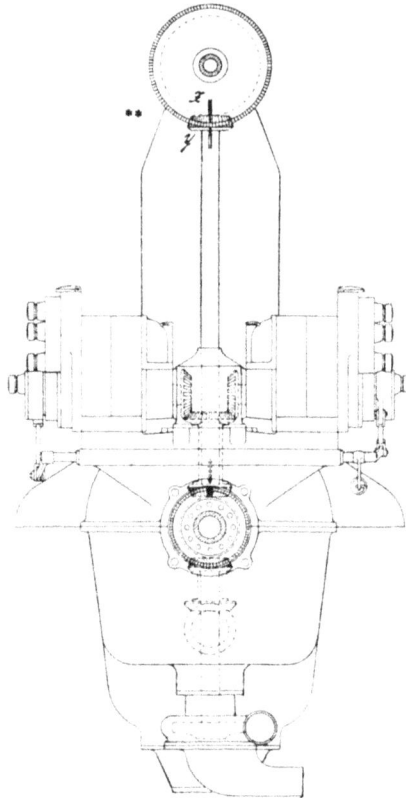

260 PS-Mercedes
Abb. 83.

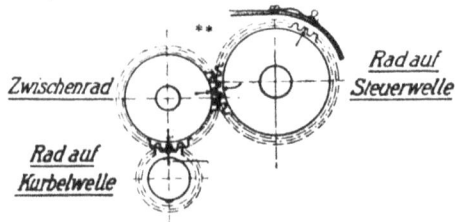

Zwischenrad

Rad auf Steuerwelle

Rad auf Kurbelwelle

Abb. 84.

** NB. Alle Pfeilpaare müssen genau übereinander stehen.

Auslaß auf je zwei Ventile. Bei dieser Mehrventilanordnung wird der Vorteil obenliegender Steuerwelle recht augenscheinlich. Es kommen die komplizierten Steuermechanismen in Wegfall, die nötig sind, wenn mehrere Ventile von untenliegender Steuerwelle durch Stoßstangen einwandfrei betätigt werden sollen. So hat Benz auf jeder Seite eine Steuerwelle.

Die Phasen, d. h. die Öffnungs- und Schließungspunkte der Ventile im Vergleich zum Kolbenweg oder Kurbelwinkel, sind bei allen Fabrikaten verschieden. Meist sind auf der Nocken-welle, den Antriebsrädern und dem Steuergestänge, wie auch auf der Kurbelwelle und dem Gehäuse an der Andrehseite Pfeilmarken eingehauen, welche die Totpunkte der Kolben und die Zeitpunkte zum Schlie-ßen und Öffnen der Ventile

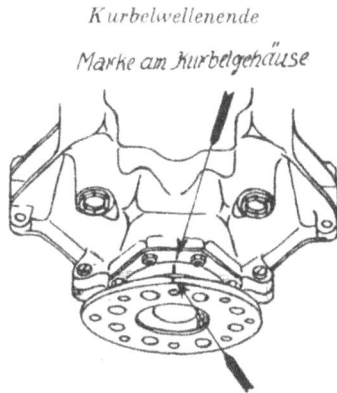

Kurbelwellenende

Marke am Kurbelgehäuse

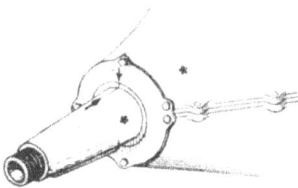

Benz-Propellerwellenende   * **Pfeilpaare**

Abb. 85.

Marke am Luftschraubenflansch

Abb. 86.

bezeichnen, die auf dem Prüfstande der Fabrik als die günstigsten der betr. Konstruktion gefunden wurden (Abb. 82—86). Im übrigen ist das Einstellschema mit Zeichen auf einer Tafel am Motorgehäuse und die Zünd-folge mit Nummern an jedem Motor angegeben. Folgen-des als Beispiel:

Steht der Kolben in der Nähe des oberen Totpunktes, so schließt sich der Auslaß und öffnet sich sofort oder kurz danach der Einlaß. Etwa 45° vor unterem Totpunkt öffnet sich der Aus-laß, 36° nach unterem Wendepunkt schließt sich der Einlaß (Abb. 87). Der Widerstand in der Steuerung ist bei Öffnung des Auslaßventils am größten; er beträgt etwa 4—5 Atmosphären.

Die Pause, bei der beide Ventile geschlossen sind, wird durch die Kompression der angesaugten Gase, Explosion (Zündung) und Expansion der entzündeten Gase ausgefüllt.

Die Reihenfolge des Arbeitsganges im einzelnen ist also: (Abb. 88a, b, c, d).

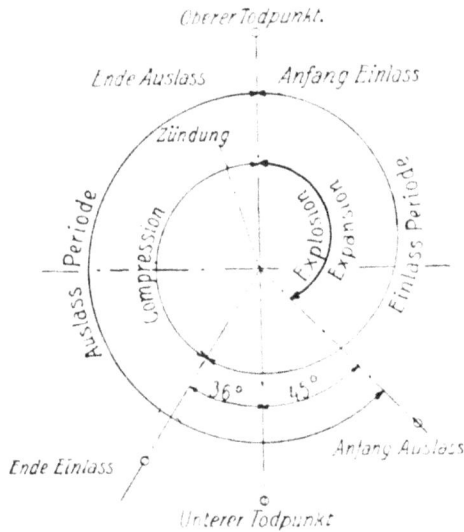

Abb. 87.

1. Der Kolben geht im Zylinder beim Andrehen des Motors abwärts und es entsteht über ihm ein luftverdünnter Raum. Es öffnet sich das Ansaugventil, das die Leitung zum Vergaser freigibt; so wird der Zylinder oberhalb des Kolbens mit Benzinluftgemisch angefüllt. Das ist die Phase der Ansaugung oder der I. Takt.

2. Geht nun der Kolben wiederum in die Höhe, so schließt sich das Ansaugventil. Dem Gemisch wird der Ausweg versperrt, und es wird zusammengedrückt auf etwa 6 Atm. und mehr bei den modernsten Maschinen: Phase der Kompression oder II. Takt.

3. Fast am Ende des Aufwärtsganges des Kolbens, dem sog. oberen Totpunkt, entzündet ein elektrischer Funke an der Zündkerze das explosible Gemisch.

Infolge des blitzartigen Druckes der sich ausdehnenden Gase auf den Kolben wird dieser abwärts getrieben. Er überträgt mittels der Kolbenstange seine Kraft auf die Kurbelwelle und den Propeller. Das ist der eigentliche Arbeitshub, Explosionsphase oder III. Takt.

4. Bei dem darauffolgenden Hochgang des Kolbens, der einerseits durch das Beharrungsvermögen der rotierenden Massen und des Propellers, anderseits durch die jetzt einsetzende Explosion

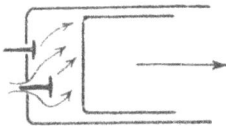

I. Ansaugen

II. Comprimiren

Abb. 88 a.

Abb. 88 b.

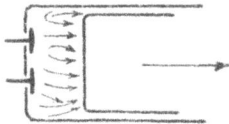

III. Explosion

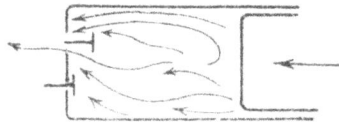

IV. Auspuffen

Abb. 88 c.

Abb. 88 d.

im nächsten Zylinder aufwärts getrieben wird, öffnet sich schon vor dem untern Wendepunkt das Auspuffventil. Die verbrannten Gase werden ausgestoßen: Phase des Auspuffs oder IV. Takt.

Die Auspuffgase enthalten rund:

Stickstoff 85%
Kohlensäure 5%
Sauerstoff 6%
Kohlenoxyd . . . . 4%.

Sie haben im Moment des Austrittes noch 5 bis 3 Atm. Druck und eine Geschwindigkeit von 800 bis 400 Sek./m.

Nach Beendigung des Arbeitsspiels erneuert sich der Vorgang. Der Viertakt spielt sich in einem Zylinder während zweier voller Umdrehungen der Kurbelwelle ab. In jedem der 6 Zylinder erfolgt also bei zwei vollen Umdrehungen der Kurbelwelle nur während einer halben Umdrehung eine Kraftabgabe an diese.

Die drei anderen Kolbenhübe, bei denen etwa wie bei einer Pumpe Arbeit geleistet wird, verzehren während der verbleibenden ein und einer halben Umdrehung wieder einen allerdings verhältnismäßig geringen Teil der während des Krafthubes an die Kurbelwelle abgegebenen Energie. Um nun eine ununterbrochene Kraftabgabe an die Kurbelwelle und den Propeller zu erhalten, sind die 6 Kurbelarme um 120° bzw. 240° gegeneinander versetzt, so daß während jeder Umdrehung der Kurbelwelle in drei verschiedenen Zylindern drei sich lückenlos aneinander reihende Krafthübe erfolgen. Alle (6) Zylinder haben also bei 2 Umdrehungen einmal gezündet. Die Reihenfolge der Zündungen bei 4 Zylindern ist meistens 1, 3, 4, 2; bei 6 Zylindern 1, 5, 3, 6, 2, 4; bei 8 Zylindern 1, 3, 2, 4, 8, 6, 7, 5; dabei ist der Zylinder an der Propellerseite mit »1« bezeichnet. Die Reihenfolge kann auch anders sein, doch sollte man der Einfachheit halber und um Verwechslungen vorzubeugen, gleiche Zündfolge bei den verschiedenen Fabrikaten durchführen.

Der Ungleichförmigkeitsgrad ist also beim Aussetzen einer Zündung beim 6 zylindrigen und noch mehr beim 8- und 12 zylindrigen Motor geringer als bei einem Vierzylinder. Dieser konnte sich deshalb als Flugmotor auf die Dauer auch nicht behaupten. 8 und 12 zylindrige V-Motoren wären deshalb nicht ungünstig.

Aus dem vorbeschriebenen Viertaktverfahren geht noch hervor, daß sowohl das Saugventil wie auch das Auspuffventil eines jeden Zylinders während zweier Umdrehungen nur je einmal betätigt wird; deshalb also ist es notwendig, die Steuerwelle für die Ventile nur halb so schnell umlaufen zu lassen wie die Kurbelwelle.

Das frühe Öffnen des Auslaßventiles ist nötig, um den Gasen bei der hohen Drehzahl Zeit zu lassen zum Entweichen. Je bälder der Auslaß geöffnet wird, desto stärker knallt der Auspuff und desto höher ist der Benzinverbrauch. Ein zu frühes Öffnen des Auslaßventils aber erhöht auch den Druck gegen dasselbe, was sich durch Flattern der Steuerung und daher unruhigen Gang bemerkbar macht.

Bei vielen Motorkonstruktionen überkreuzen sich Anfang des Einlasses und Ende des Auslasses um einige Grad; es geschieht, um die Ein- und Auslaßphasen recht stark zu verlängern und auszunutzen. Hier beginnt dann das Einlaßventil sich zu öffnen, bevor das Auslaßventil sich geschlossen hat. Beispielweise hat der 200 PS-Benz folgende Ventilzeiten:

Öffnen der Einlaßventile rd. 2 mm nach oberem Totpunkt
Schließen »   »   » 21 »   » unterem »
Öffnen der Auslaßventile » 26 »   vor   »   »
Schließen »   »   » 4 »   nach oberem »

Das Ventilspiel muß nach jedem längeren Fluge darauf geprüft werden, ob es infolge Abnutzung der Ventilschäfte oder der Druckschrauben vielleicht zu groß geworden ist. Dies geschieht am besten mit Blechstreifen von $^2/_{10}$ und $^4/_{10}$ mm Stärke. (Abb. 89).

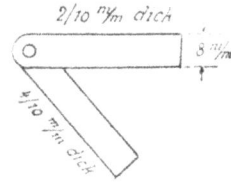

Abb. 89.

5. Die Zündung.

Jede magnetelektrische Zündung beruht auf dem physikalischen Gesetz: Magnetelektrische Ströme entstehen in einem Leiter, wenn in seiner Nähe Magnetismus entsteht oder aufhört, stärker oder schwächer wird, oder wenn der Leiter dem Magneten genähert oder von ihm entfernt wird (Abb. 90).

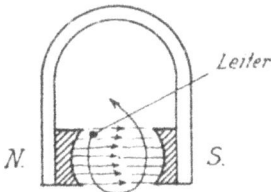

Abb. 90.

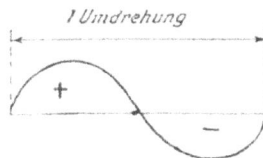

Abb. 91.

Wenn also ein Leiter magnetische Kraftlinien schneidet, entsteht in ihm ein Strom, und zwar ein Wechselstrom, wenn man den Leiter im magnetischen Felde, d. h. im Gebiete der magnetischen Kraftlinien, rotieren läßt, da er ja dabei diese abwechselnd in entgegengesetzter Richtung schneidet (Abb. 91).

Bei Flugmotoren wird im allgemeinen Bosch-Hochspannungszündung verwendet, die im folgenden näher beschrieben ist. Da-

neben sind auch die im Kraftfahrwesen bestbewährten Mea-Zünd-
apparate in Gebrauch, hauptsächlich bei 8-Zylindermotoren. Ihre
Beschreibung schließt sich an die des Bosch-Magneten an. Sie
folgt durchgehends der in ausgiebigem Maße herangezogenen Darstellung im Fabrikprospekt.

Der Bosch-Magnet.

Entstehung des elektrischen Stromes.

Ändert sich die Anzahl oder die Richtung der eine Spule
durchsetzenden magnetischen Kraftlinien, so entsteht in ihr eine

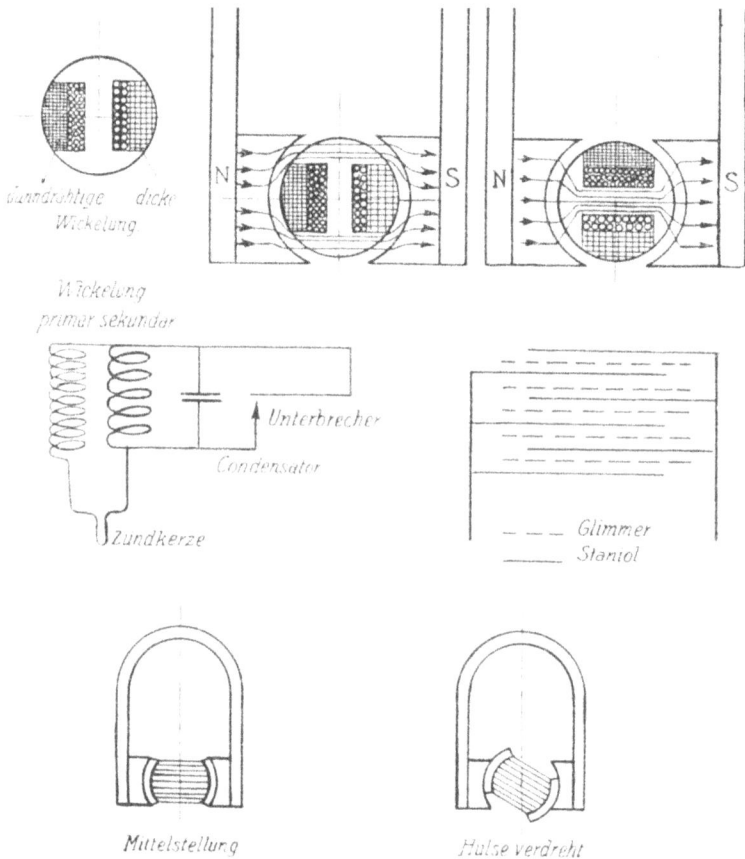

Abb. 92.

Spannung, verbindet man die Enden dieser Spule, so erzeugt man einen Strom.

Je schneller die Änderung bzw. der Richtungswechsel der Kraftlinien stattfindet und je stärker das magnetische Feld ist, desto höher wird die erzeugte Spannung.

Beschreibung des Magnetapparates.

Der Bosch-Hochspannungsmagnet (Abb. 92) besteht aus einer im Felde kräftiger permanenter Stahlmagnete sich drehenden, auf ein entsprechend geformtes Eisenstück (Doppel-T-Anker) gewickelten Spule aus dickem Draht (primäre Wicklung) und einer unmittelbar darüber angeordneten Spule mit vielen Windungen aus dünnem Draht (sekundäre Wicklung).

Auf dem einen Achsenende sitzt der Unterbrecher. Eine weitere im Anker untergebrachte Vorrichtung, der Kondensator, ist den Unterbrecherkontakten parallelgeschaltet. Er besteht aus einer größeren Anzahl Stanniolblätter, die durch etwas größere Glimmerblätter voneinander isoliert sind. Alle geradzahligen Stanniolblätter sind auf der einen, alle ungeradzahligen auf der anderen Seite miteinander verbunden. Der Kondensator nimmt den durch das plötzliche Unterbrechen des primären Stromes hervorgerufenen Selbstinduktionsstrom auf, verhütet zu große Lichtbogenbildung und ein dadurch herbeigeführtes frühzeitiges Verbrennen der Kontakte.

Früh- und Spätzündung.

Würde man das Magnetgehäuse um den rotierenden Anker als Mittelpunkt drehbar anordnen und bald im Sinne des rotierenden Ankers (Spät-), bald im entgegengesetzten Sinne (Frühzündung) drehen, so könnte man eine beliebige Verstellung des Zündzeitpunktes erreichen (Mea-Apparate).

Bosch hat dieses Problem in sehr geschickter Weise durch eine im feststehenden Magnetgehäuse drehbar angeordnete Hülse gelöst, die ein Verdrehen des Magnetfeldes und damit das Verstellen des Zündzeitpunktes gestattet. Mit der Hülse fest verbunden sind die den Unterbrecher betätigenden Nocken, welche durch einen Hebel verstellt werden (Abb. 92 u. 94).

Wirkungsweise.

Im Bosch-Hochspannungsmagnet wurden zwei ursprünglich getrennte Apparate (Magnet- und Induktionsspule) in äußerst

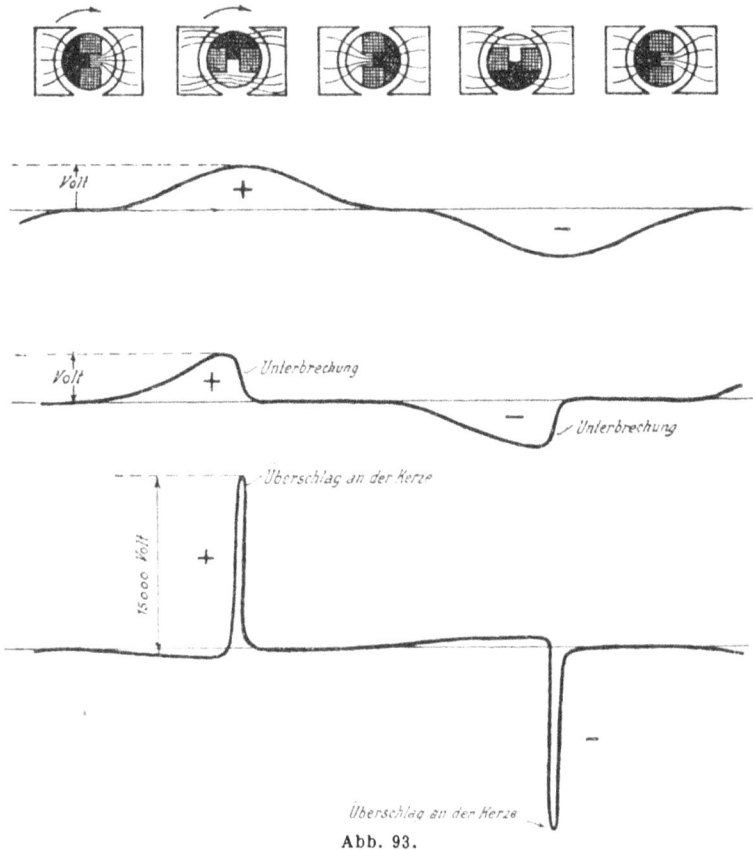

Abb. 93.

sinnreicher Weise vereinigt. Dem im Magnetapparat sich drehenden Anker fallen also 2 Aufgaben zu:

1. einen elektrischen Strom zu erzeugen,
2. diesen niedrig gespannten Strom, der nicht imstande wäre, auch nur den kleinsten Luftraum zu durchschlagen, in einen hochgespannten zu verwandeln, der an der »Kerze« überspringt. (Es ist eine höhere Spannung erforderlich,

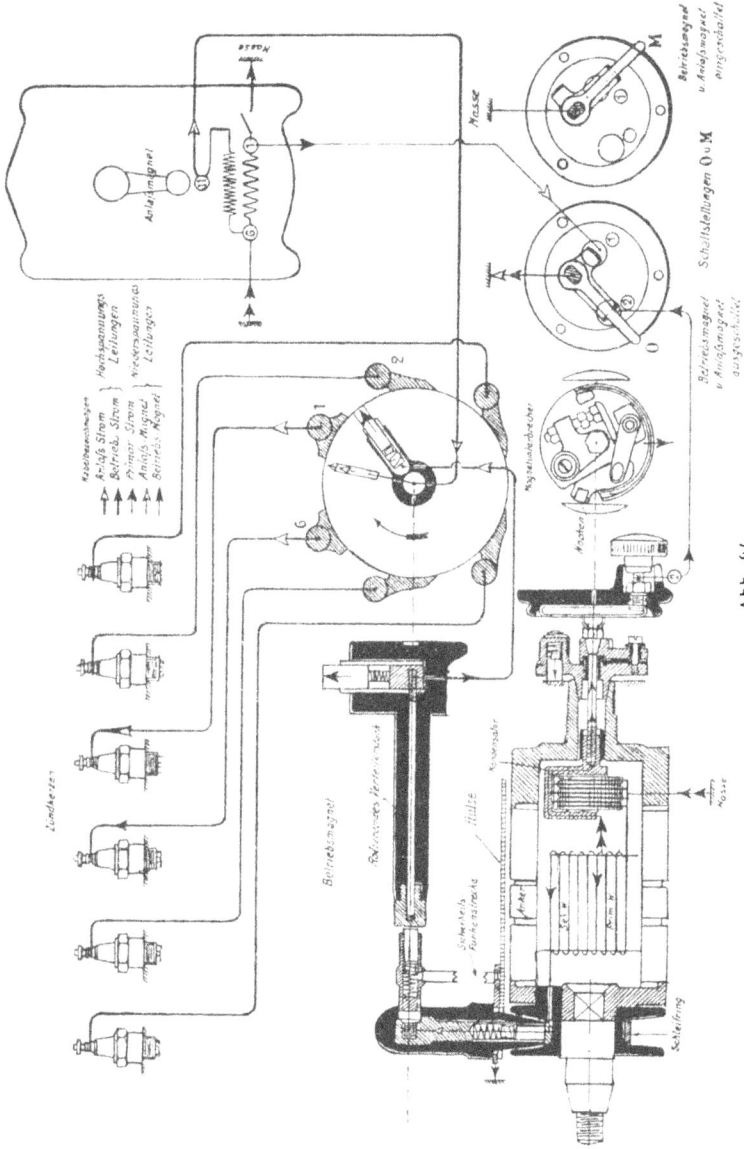

Abb. 94.

den Funken im komprimierten Gasgemisch als in freier
Luft zum Überspringen zu bringen.)

Die durch die Drehung des Ankers bedingte Änderung und
der Richtungswechsel der Kraftlinien in der Spule reicht wohl
dazu aus, einen niedrig gespannten Wechselstrom zu erzeugen.
Um aber eine höhere Spannung zu erreichen, müßte man die Zahl
der Umdrehungen enorm steigern, was praktisch unmöglich ist.

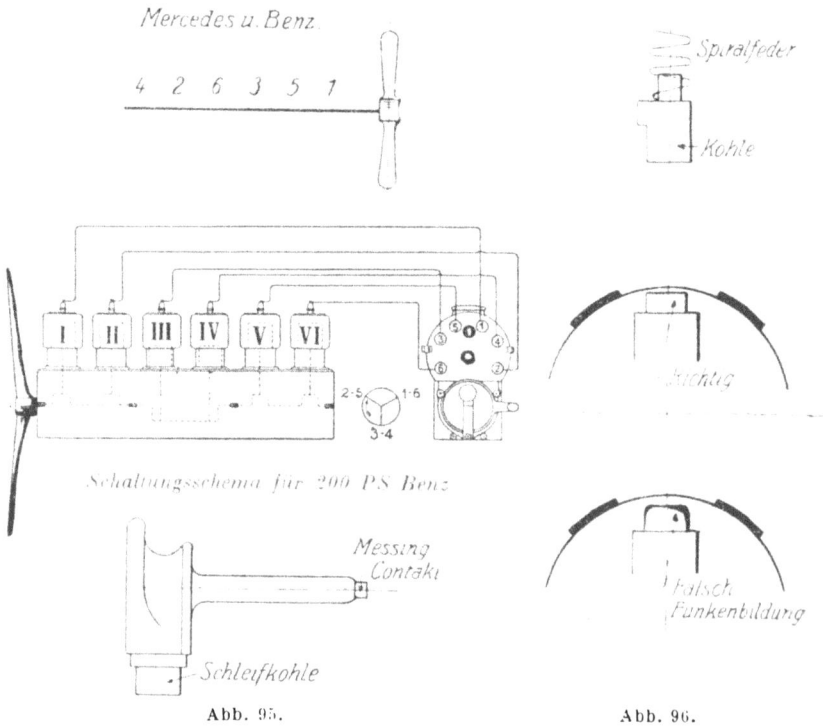

Abb. 95.

Abb. 96.

Man wendet daher das beim Funkeninduktor hoch entwickelte
Prinzip zur Erzeugung hochgespannter Ströme an, indem man
den in der aus wenig Windungen bestehenden, dickdrähtigen
Ankerspule fließenden Strom im Moment seiner größten Intensität
unterbricht. Dadurch verschwindet das sehr starke magnetische
Feld der Spule plötzlich, und es entsteht in der sekundären, aus
vielen Windungen dünnen Drahtes bestehenden Spule ein dem

Verhältnis der Windungszahlen entsprechender hochgespannter Induktionsstrom (etwa 15 000 Volt), der imstande ist, die Abstände an der Zündkerze zu überbrücken (Abb. 93—94).

Es gibt links- und rechtslaufende Magnetapparate. Mercedes und Benz haben meistens rechtslaufende Apparate. Das Übersetzungsverhältnis des Antriebes der Magnetapparate ist 3 : 2; der Zündapparat muß also mit der anderthalbfachen Umdrehungszahl der Kurbelwelle umlaufen (bei 6 Zylindern). Der Verteiler rotiert ebenso wie die Steuerwelle halb so schnell wie die Kurbelwelle (Abb. 95).

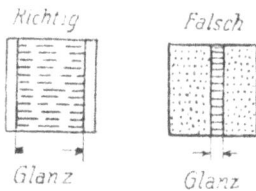

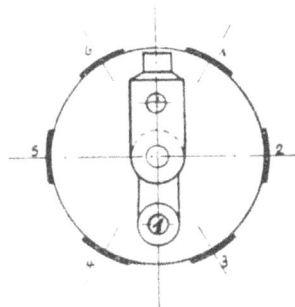

Abb. 97.   Abb. 98.

Da die Entzündung der Ladung möglichst beendet sein soll, wenn der obere Totpunkt erreicht wird, so muß sie schon vor dem Hubwechsel eingeleitet werden, und zwar um so früher, je schlechter und ärmer das Gemisch und je höher die Geschwindigkeit des Motors ist. Die Magnetapparate sind darum so eingerichtet, daß durch Versuche auf dem Prüfstande die beste Vorzündung für jeden Motortyp bestimmt und am Zündapparat eingestellt werden kann.

Die am meisten zu kontrollierenden Teile sind Verteiler und Unterbrecher.

a) Der Verteiler des Boschmagnets. Der Verteiler ist herausziehbar, sein Messingkontakt muß stets blank sein. Er ist mit feiner Schmirgelleinwand oder benzingetränktem Lappen zu putzen. Die Schleifkohle muß eben und sauber, d. h. ölfrei sein. Trägt die Kohle nur in der Mitte, so muß sie auf Schmirgelleinwand eben geschliffen werden. Die Ecken sind ganz leicht zu brechen.

Kontakt muß deshalb in den Ecken sein (Abb. 96), damit
bei ganzer Vorzündung die Kohle das Metallsegment bereits
berührt. Ist dies nicht der Fall, so findet man vor den Metall-
segmenten eine schwarz gebrannte Stelle, weil beim Abreißen des
Unterbrechers Funken zwischen Kohle und Metallsegment überspringen. Die Metallsegmente sind mit benzingetränktem Lappen
und feiner Schmirgelleinwand zu putzen. Die Kohle ist zu ebnen
(Abb. 96) und muß nach dem Lauf auf der ganzen Breite glän-

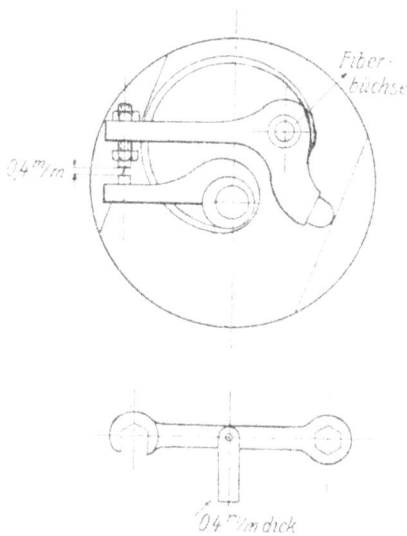

Abb. 99.

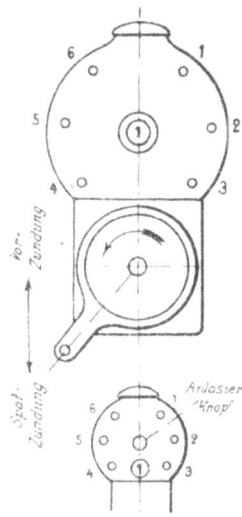

Abb. 100.

zen (Abb. 97). Steckt sich die Kohle, so daß der Motor stoßweise arbeitet oder der Magnet deshalb plötzlich ganz aussetzt,
so ist der Verteiler auszuwechseln oder eventuell die Feder zu
korrigieren. Bricht die Kohle ab und hat man keinen Ersatz zur
Stelle, so kann man sich eine aus dem Kohlenstift einer Bogen-
lampe durch Abfeilen anfertigen.

    b) Unterbrecher (Abb. 99). Der empfindlichste Teil des
Magnetapparates ist der Unterbrecher. Er ist deshalb vor jedem
größeren Fluge nachzusehen. Der Unterbrecher besteht aus einem
Platinkontakt, der beim Öffnen den Zündfunken an der Kerze
überspringen läßt.

Sobald also beim Drehen der Unterbrecher sich öffnet, ist genau Zündpunkt. Letzterer soll bei ganzer Vorzündung bei

Argus   180 PS 5 mm: ⎫
Argus   100 PS 3 mm: ⎭ beide Kerzen
Alle Mercedes   12 mm: Einlaßseite
                   15 mm: Auslaßseite
Mercedes 260 PS 12 mm: Einlaßseite
                   13 mm: Auslaßseite
Benz   110 PS 15 mm: beide Kerzen
Benz   200 PS 18 mm: beide Kerzen,

d. h. im allgemeinen 10% vom Hub als Maximum vor dem oberen Wendepunkt liegen. **Man gebe also lieber 1 bis 2 mm zu wenig als zu viel Vorzündung!**

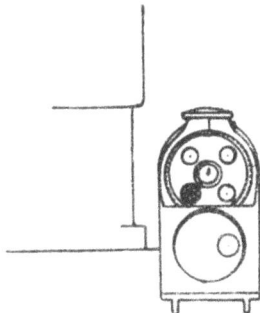 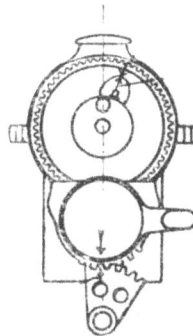

Abb. 101.   Abb. 102.

Die Forderung höchster Betriebssicherheit war bestimmend dafür, alle Flugmotoren mit zwei Magnetapparaten und jeden Zylinder mit 2 Zündkerzen auszurüsten. Die Apparate arbeiten vollständig getrennt voneinander, und jeder bedient eine Kerzenreihe.

Sind beide Zündkerzen nur an der Einlaßseite, was vorteilhafter ist, weil sie dort stets vom frischen Gas umspült und gekühlt werden, was ihre Lebensdauer verlängert, so erhalten also die beiden Magnete gleiche Vorzündung. Bei Mercedes ist die eine Kerze an der Einlaßseite und der Magnet derselben erhält 12 mm Vorzündung. Die andere Kerze ist an der Auslaßseite und soll dort wegen langsamerer Verbrennung der sie umgebenden

Gase früher zünden, weshalb man dem Magnet 2 mm mehr Vorzündung geben muß.

Der Verstellhebel des Magnetapparates steht dann auf Vorzündung, wenn der Hebel e n t g e g e n der Drehrichtung des Magnetapparates bis in die Endstellung bewegt wird (Abb. 100).

Die Öffnung der Platinkontakte soll nicht mehr
als 0,4 mm betragen (Abb. 99).

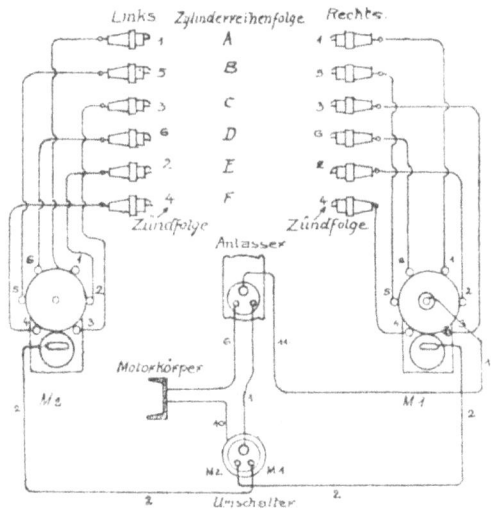

Schaltungsschema für 6 Zylinder-Mercedes-Motoren.

Abb. 103.

Bosch gibt zum Kontrollieren des Abstandes einen Blechstreifen mit, der an einen Schlüssel zur Regulierung des Unterbrechers angenietet ist. Ist der Abstand zu groß, so versagt der
Magnet bei hoher Drehzahl. Man muß immer die leichte Beweglichkeit des Unterbrecherwinkelhebels kontrollieren. Da der
Hebel nicht geschmiert werden kann, so ist er in einer Fiberbüchse gelagert. Bei ganz neuen Apparaten kommt es vor, daß sich
der Hebel klemmt. Man muß dann die Fiberbüchse ein wenig
ausreiben. Ist die Fiberbüchse entzwei oder sitzt der Unterbrecher-
hebel fest, so ist sofort abzuhelfen. Der betreffende Magnetapparat arbeitet sonst unregelmäßig und setzt bisweilen ganz aus.

Beim Einsetzen des Unterbrechers ist selbstverständlich genau
darauf zu achten, daß Keil und Keilnute zusammenfallen.

Es gibt, wie früher ausgeführt wurde, während des ganzen
Kreisprozesses zwei obere Wendepunkte des Kolbens. Das eine
Mal schließt der Auslaß und beginnt der Einlaß, das andere Mal
ist **Kompression,** d. h. **beide Ventile sind in Ruhe.** Bevor nun
dieser letzte Totpunkt eintritt (3 oder 5 mm bei Argus, 12 bzw.

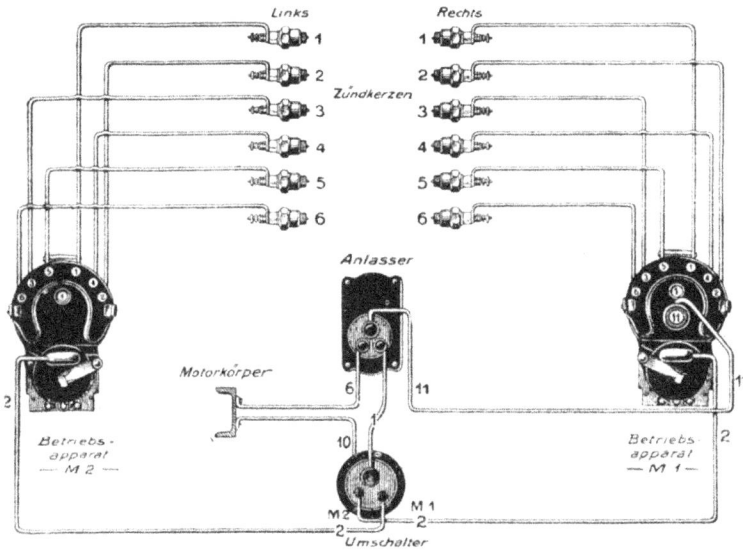

Schaltungsschema für 6 Zylinder-Benz-Motoren
Abb. 104.

15 oder 12 bzw. 13 mm bei Mercedes, 15 oder 18 mm bei Benz),
muß der Unterbrecher bei ganzer Vorzündung öffnen[1]). Man
vergesse also nicht, den Unterbrecher auf Vorzündung
zu stellen!

Der Verteiler aber muß das mit dem betreffenden Zylinder
verbundene Metallsegment berühren. Berührt er es nicht, so
müssen die Drähte umgesteckt werden. Der Fachkundige kann
die Zündung auf jeden beliebigen Zylinder einstellen, doch empfiehlt

---

[1]) Die Vorzündung läßt sich leicht mit dem sog. Totpunktmesser,
den man in ein Kerzenloch schraubt, feststellen (Abb. 105).

sich im allgemeinen die Einstellung auf den ersten, für den sie bei den meisten Typen markiert ist: beide Magnete zeigen dabei am Fenster die »1«. Bei Mercedesmaschinen wird immer auf den Zylinder »6« eingestellt mit Hilfe einer roten Markierung auf dem Zahnrade des Verteilers. Bei einer derartigen Einstellung nach Marken müssen alle Markierungen auf der Kurbel- und Steuerwelle übereinstimmen (Abb. 101—104).

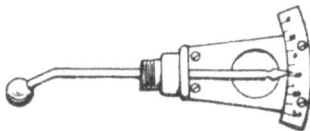

Ein Motor, der nicht volle Vorzündung verträgt (Klopfen) und in der Drehzahl bei voller Vorzündung sinkt, muß weniger Vorzündung erhalten. Der Magnetapparat muß dann um einen Zahn (Lücke + Zahn) zurückgestellt werden, d. h. das auf der Ankerwelle sitzende Zahnrad muß entgegen der Drehrichtung verstellt werden. Damit erfolgt das Abreißen im Unterbrecher später, und es kann volle Vorzündung gegeben werden.

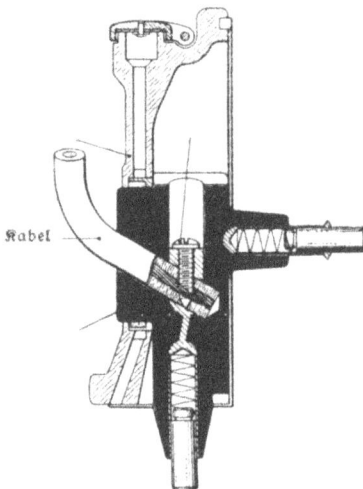

Totpunktmesser
Abb. 105.

Abb. 106. (Bosch.)

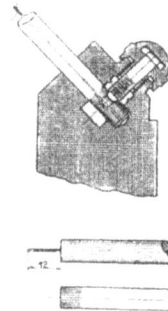

Mea-Kabelanschluß
Abb. 106a.

Die Drahtkabel (Abb. 106 u. 106a) müssen stets in gutem Zustande sein, da verölter Gummi (morsch) leitet und so den Funken abschwächt. Namentlich ist auch darauf zu achten, daß bei Anschlüssen keine abstehenden Drahtstummel vorhanden sind (Abb. 107). Reicht ein solcher Stummel an ein Metallteil, so gibt es Kurzschluß. Bei allen Anschlüssen sind tunlichst nur Kabelschuhe (Boschösen) zu verwenden (Abb. 108).

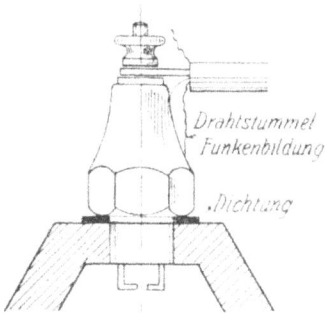

Abb. 107.

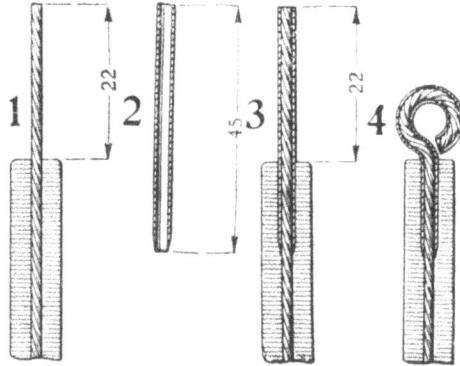

Abb. 108.

Die Kerzen müssen nach Bosch zwischen den Elektroden einen Abstand von 0,5 bis 0,6 mm haben (Abb. 109). Zu großer Abstand derselben aber erschwert das Anwerfen des Motors. Beim Anwerfen gibt man vorteilhaft etwas Vorzündung. Bei zuviel Vorzündung wiederum schlägt der Motor zurück.

Abb. 109.

Der Hohlraum an der Zündkerze zwischen Porzellanring und Eisenring (Abb. 110) muß stets öl- und krustenfrei sein. Exzentrische Porzellanringe scheide man sofort aus, da dieselben leicht ein Verrußen herbeiführen. Die Elektroden müssen ebenfalls vorsichtig sauber gehalten werden. Man prüft die Kerzen am besten mit einem Anlaßmagnet. (Abb. 104.)

Verrußt bei einem Motor mit einem Magnetapparat eine Kerze, so läuft er sofort stoßweise. Ebenso wenn die beiden Kerzen eines Zylinders nicht in Ordnung sind. Bei zwei Magnetapparaten kann der eine alle seine 6 Kerzen immer noch betätigen, so daß hier beim Ausscheiden eines Magneten oder durch Verrußen der Kerzen derselben äußerlich nichts zu bemerken ist,

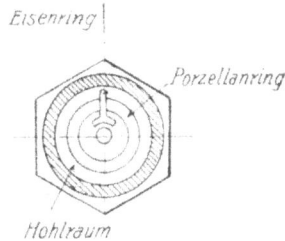

Abb. 110.

außer einer geringen Abnahme der Leistung um 10—15 Umdrehungen. Es ist deshalb ein Kontrollieren der Magnete bzw. Kerzen durch wechselweises Ein- und Ausschalten während des Laufes dann und wann nötig, denn bei dauerndem Nichtfunktionieren einer Kerze springt fortwährend im Magnetapparat ein Sicherheitsfunke über, der mit der Zeit unterbleibt, so daß der Anker durch brennt und festfrißt.

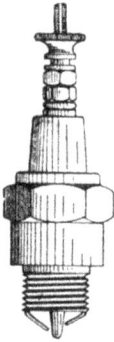

Tritt plötzlich Zündungsstörung ein, so daß der Motor ganz stillsteht, so ist nacheinander bei den Magnetapparaten der Unterbrecherdraht abzunehmen, um festzustellen, ob er nicht defekt ist. Der Motor wird sodann ohne Unterbrecherdraht vorsichtig angedreht. Der Magnetapparat, bei dem der Motor ohne Unterbrecherdraht anstandslos weiterläuft, ist der gute.

Zündkerze für Benz.

Abb. 111.

Der Mea-Magnet.

Kennzeichnend für den Mea-Zündapparat ist sein glockenförmiges Magnetfeld gegenüber der Hufeisenform der anderen Systeme. Sodann ist das Magnetfeld um den feststehenden Anker als Mittelpunkt drehbar angeordnet.

Die 8 Zylinder-Mea-Zündapparate werden in zwei Ausführungen gleicher Stärke (LH 8 und LS 8) hergestellt, die sich in der Hauptsache durch die Lage des Verteilers unterscheiden, je nachdem dieser auf der Antriebs- oder entgegengesetzten Seite sitzt.

Arbeitsweise der Typen L 8.

Zwischen den Polen des wagerecht liegenden Glockenmagneten ruht, fest angeordnet ein Doppel-T-Anker, auf dessen Kern eine Hochspannungswicklung sich befindet; eine besondere Induktionsspule ist mithin nicht erforderlich. Zwischen Magnet und Anker rotieren zwei eiserne Bogenstücke, welche den Ein- und Austritt der Kraftlinien vom Magnetfeld zum Anker vermitteln. Sie sind direkt mit dem Apparatantrieb verbunden. Die Wickelung des Ankers besteht aus zwei Teilen: sie beginnt — als primäre — mit wenigen Wicklungen eines dicken Drahtes, daran anschließend folgt — als sekundäre — eine große Anzahl Windungen eines dünnen Drahtes. Der Anfang der Ankerwicklung ist an das Ankereisen angeschlossen. Die Hochspannung wird vom Ende der Wicklung ab durch die hohle hintere Ankerachse isoliert nach hinten zu dem Hartgummistück im Verstellhebel und von da über ein Kabel nach ·dem Verteiler, von diesem in richtiger Reihenfolge zu den Zündkerzen geleitet (Abb. 112—112a), von wo aus der Strom über die Metallteile des Motors und Zündapparates wieder zum Anker zurückkehrt. Zur Verstärkung der Spannung und Auslösung

Mea-Anlaßmagnetzündung für 8 Zylinder-Motoren.

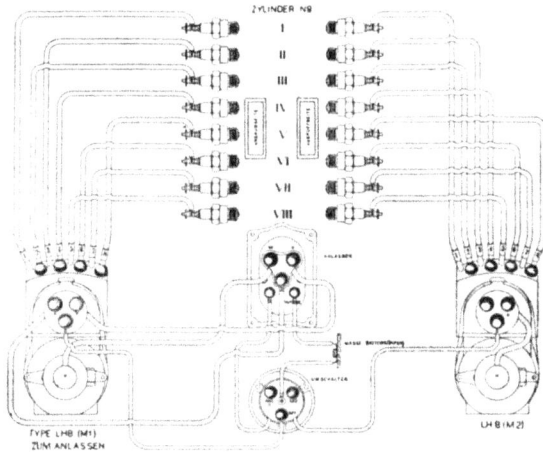

Schema für Typ LH 8.

Abb. 112.

derselben im richtigen Augenblick ist zur Primärwicklung ein Unterbrecher parallelgeschaltet, welcher diese Wicklung bei einer Umdrehung der drehbaren Hülse viermal kurzschließt und viermal wieder öffnet, und zwar immer dann öffnet, wenn die Apparatleistung den Höchstwert erreicht hat. Der Apparat gibt also bei einer Ankerumdrehung vier Funken. Parallel zum Unterbrecher liegt dann noch ein Kondensator. An der Hochspannungsüberführung im Verstellhebel ist eine Sicherheitsfunkenstrecke angebracht, auf welche der Strom dann übergeht, wenn die Ableitung nach den Kerzen gestört ist. So wird die Wicklung des Apparates mit den Isolationen geschont. Für dauernden Stromübergang ist sie aber nicht bemessen.

Der Antrieb des Zündapparates erfolgt zwangsläufig, und zwar bei den Typen L 8 mit derselben Umlaufzahl wie die Kurbelwelle, also 1:1. Zum Zwecke der Zündmomentverstellung ist, wie bereits erwähnt, das Magnetfeld im Gehäuse schwenkbar angeordnet. Betätigt wird die Verstellung mittels des Verstellhebels, welcher auf der dem Antrieb des Apparates entgegengesetzten Seite, d. h. auf der verlängerten Magnetlagerung, abnehmbar ist. Nachzündung erhält man durch Schwenken des Magne-

Mea Anlaßmagnetzündung für 8 Zylinder-Motoren.

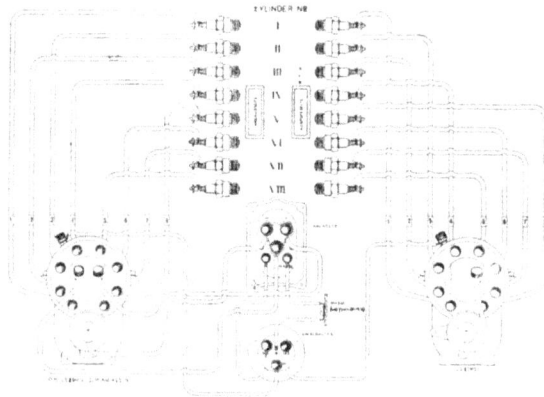

Schema für Typ LS 8.

Abb. 112 a.

ten in der Antriebsrichtung, Vorzündung im umgekehrten Fall. Die Typen LH 8 und LS 8 haben normal 45° Zündverstellung an der Apparatwelle, was die gleiche Verstellung auf die Motorwelle bezogen ausmacht.

Zum Abstellen der Zündung muß die Primärwicklung des Apparates kurz geschlossen werden. Ihr Ende wird zu diesem Zweck am Apparat vom Unterbrecher aus nach außen zur Abstellklemme geführt; diese ist durch ein Kabel mit einem Kurzschlußschalter verbunden, dessen anderer Pol mit den Motorteilen in Verbindung steht. Wird in diesem Schalter Leitung zwischen den Polen hergestellt, so ist der Apparat kurzgeschlossen und damit die Zündung abgestellt.

Für sämtliche Kabelanschlüsse und Verbindungen ist ein Gummikabel von 7 mm äußerem Durchmesser zu verwenden; eine Ausnahme bildet nur das Kabel von der Abstellklemme des Apparates zum Ausschalter mit 5 mm, da es nur Niederspannung führt. Die Herrichtung des Kabels für den Anschluß und eine komplette Verbindung im Schnitt zeigt Abb. 106.

Man schneidet das Kabel glatt ab, entfernt auf eine Länge von 12 mm die Isolation und legt die einzelnen Drähte der Kupferlitze um die Isolation zurück. So vorbereitet schiebt man das Kabelende in die Anschlußöffnung und schraubt die daneben liegende Druckschraube fest, bis sie sich satt in die Gummiisolation eingepreßt hat. Diese Verbindung hat den Vorteil, daß sie sehr zuverlässig und wasserdicht ist.

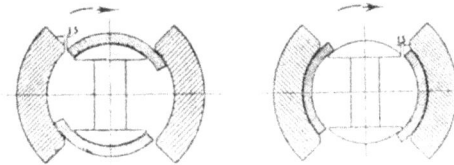

Abrisse beim rechtslaufenden Mea-8 Zylinder-Magnet.

Abb. 113.

Beim Einstellen des Mea-Zündapparates bringt man den Motor durch Drehen von Hand in diejenige Stellung, bei welcher der Kolben des vorderen Zylinders im Kompressionshub steht, und zwar so weit von der Totlage, als der Motor Vorzündung maximal erträgt ohne bei größter Leistung zu klopfen. Auf gute Instandhaltung des Unterbrechers ist das größte Gewicht zu legen. Seine Anordnung in einem Gehäuse mit abnehmbarem Deckel ist zwar sehr konstruktiv, bedingt aber ein etwas umständlicheres Bedienen und Instandhalten seitens der Monteure, was noch durch die notwendig gegebene Einbauart der Motoranlage erschwert wird. Der Unterbrecher ist richtig eingestellt, wenn die Platinkontakte in ganz geöffnetem Zustande 0,4 mm voneinander abstehen und dabei die rotierenden Segmente von der Anker- bzw. Magnetpolschuhkante in der Abrißstellung (das ist die Stellung, in der der Unterbrecher zu öffnen beginnt) 1,5 mm in der Drehrichtung entfernt sind (Abb. 113). Ist dies nicht der

Fall, so ist mittels der justierbaren Platinschraube die oben ange-
gebene Einstellung vorzunehmen. Ferner ist für ein gutes Funktionieren des Unterbrechers Bedingung, daß die Platinkontakte
gut parallel aufeinander sitzen und reine Oberflächen haben.

6. Der Vergaser.

Die Gemischbildung.

Das Benzin, eine Ableitung des Rohpetroleums oder Erdöles,
kommt nicht unmittelbar als flüssiger Brennstoff für die Energie-
umwandlung zur Verwendung, sondern muß vorher zerstäubt
und mit Luft vermengt werden, um ein explosibles Gemisch zu

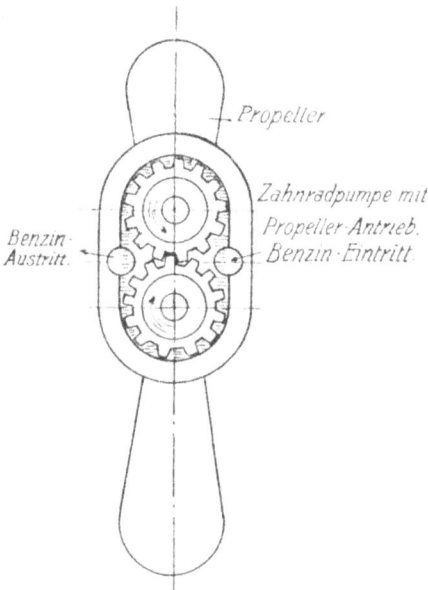

Abb. 114.

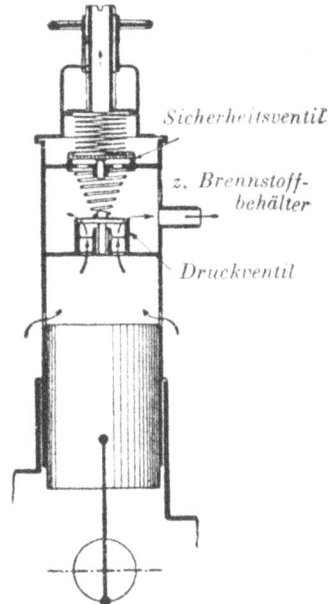

260 P.S.-Mercedes-Druckluftpumpe

Abb. 115.

bilden. Gewöhnlich werden als praktische Grenzen eines zünd-
fähigen Gemisches 11 und 17 Gewichtsteile Luft auf 1 Teil Benzin angegeben (im Mittel 14). Die Gemischbildung findet im

Vergaser statt, dem das noch flüssige Benzin auf verschiedene
Weise zugeführt werden kann. Es wird in getrennt angeordneten
Blechbehältern mitgeführt und von diesen aus unter Druck oder
durch natürliches Gefälle dem Vergaser zugeleitet. Sicherheits-
gründe gebieten, die Brennstoffbehälter möglichst aus Messingblech herzustellen. Bei tiefliegendem Behälter wird das Benzin
meistens zuerst durch eine Handpumpe unter Druck gebracht.

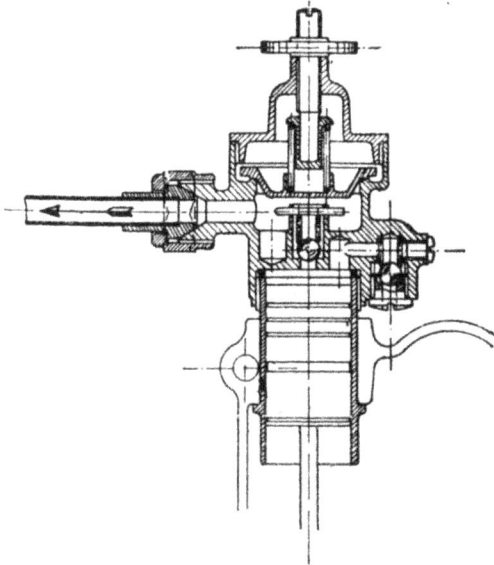

Abb. 116.

Dieser soll mindestens 0,3 Atm. betragen; ist er wesentlich
schwächer, so wird die Benzinzufuhr ungenügend. Beim Lauf des
Motors arbeitet dann am zuverlässigsten eine besondere Zahnradpumpe, die ihren Antrieb während der Fahrt von einem kleinen
Propeller erhält (veraltet), oder aber eine Luftdruckpumpe, die vom
Motor selbst angetrieben wird, und endlich durch die Brennstoffpumpe (neuerer Konstruktion) (Abb. 114—117).

Bei den Mercedes- und Benz-Motoren z. B. wird eine solche
kleine Kolbenluftpumpe direkt von der Steuer- bzw. Kurbelwelle
aus angetrieben. Die neuen Benzmotoren haben an Stelle der
Luftdruckpumpe eine Glyzerinkolbenpumpe. Das Auffüllen und

Nachpumpen des Fallbenzinbehälters geschieht am besten von Hand mit der sog. Allweilerpumpe, die in der Nähe des Führersitzes im Rumpf angebracht ist.

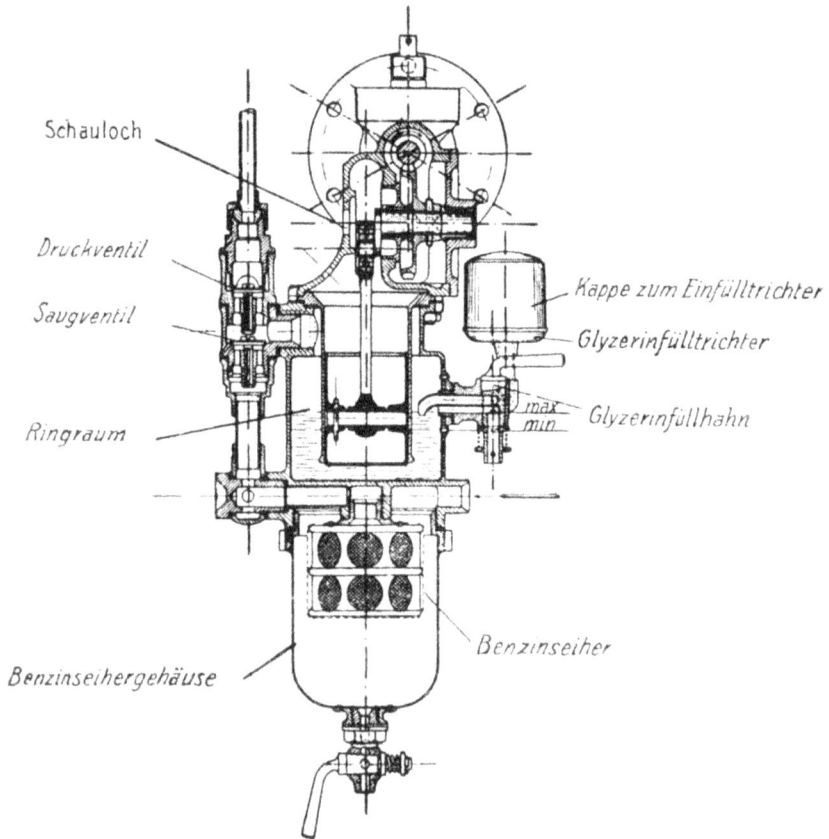

Schauloch

Druckventil

Saugventil

Ringraum

Kappe zum Einfülltrichter

Glyzerinfülltrichter

max min Glyzerinfüllhahn

Benzinseiher

Benzinseihergehäuse

Brennstoffpumpe.
Abb. 117.

Das Schwimmerwerk der meisten Vergaser beeinträchtigt den Lauf des Motors hauptsächlich bei starken Schräglagen, da die Schwimmervorrichtung sich klemmt und den Benzinstand beeinflußt. Es wäre deshalb ein Vergaser mit zentralem, ringförmigem Schwimmer zu empfehlen.

Die Vergaser haben durchweg eine gute Gemischbildung, obwohl sich die Ökonomie sicherlich noch verbessern läßt, besonders wenn man in Betracht zieht, daß 1 kg Leichtbenzin 13 000 Kal. enthält, wovon im Verbrennungsmotor etwa 27 % ausgenutzt werden. Die Vergaser in der heutigen Ausführung benötigen fast keine besondere Wartung und lassen sich einfach einregulieren, und bei einiger Sorgfalt sind Betriebsstörungen leicht zu vermeiden. Um Vergaserbrände auszuschalten, besteht die Tendenz, die Motoren mit Benzin zu übersättigen.

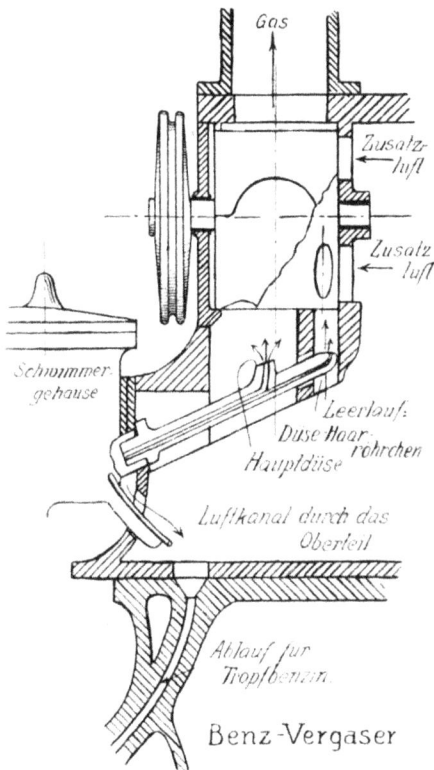

Abb. 118.

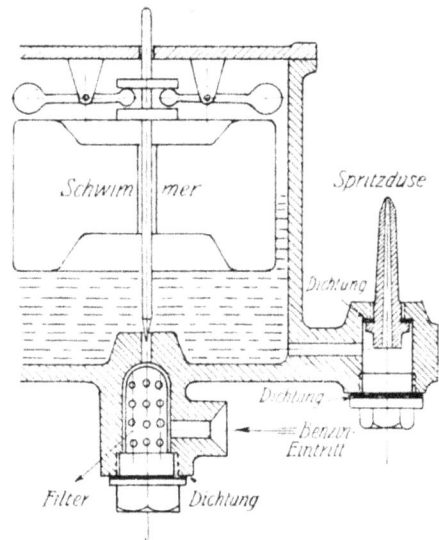

Abb. 119.

Die Hauptteile des Vergasers sind:
1. Schwimmergefäß und Schwimmer,
2. Benzindüse,
3. Luftdüse,
4. Beiluftschlitze,
5. Mischkammer,
6. Drosselklappe (oder Drosselschieber).

Das Benzin tritt in das Schwimmergefäß (Abb. 119). Der Schwimmer drückt entweder auf kleine Hebel, welche die Schwimmernadel abwärts drücken, oder unmittelbar auf eine hängend angeordnete kleine Schwimmernadel. Schwimmer mit Hebelgewichten haben Mercedes-, Benz- (Abb. 119), G. A.- (Cudell) und Zenithvergaser. (Abb. 125.) Neukonstruktionen (s. S. 68) wenden zentralen Schwimmer an, welcher innerhalb des Vergasergehäuses liegt, so daß der ganze Vergaser eine leichte und einfache Form erhält und sich günstig einbauen läßt.

Die Schwimmervorrichtung mit der Schwimmernadel sorgt für einen stets gleichbleibenden Benzinstand. Ehe das Benzin in das Schwimmergefäß eintritt, geht es durch einen zum Zwecke der Reinigung herausnehmbaren Filter. Dieser darf den Zutritt nicht

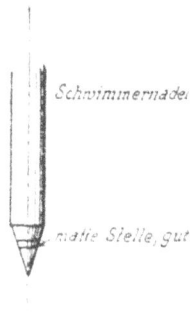

Abb. 120.

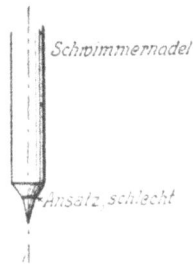

Abb. 121.

hemmen, er soll nur eventuell Schmutzpartikel und Wasserteilchen, die fast immer im Benzin vorhanden sind, zurückhalten. Jetzt wird auch noch am Schwimmergehäuse oder sonstwo in der Benzinleitung ein Wasserabscheider angebracht, der mit einem Ablaßhahn versehen ist. Ist das herausragende Ende der Schwimmernadel nicht durch eine Kappe geschützt, so kann bei Regen oder dunstigem Wetter dort Wasser in das Schwimmergefäß eindringen, was dann Knallen im Vergaser verursacht. Bei Vergasern mit zentralem Schwimmerwerk ist das ausgeschlossen.

Um eine Gewähr zu haben, daß das Benzin möglichst rein und ohne Wasser ist, ist es unbedingt notwendig, dasselbe nur durch Wildleder in die Behälter des Flugzeugs einzufüllen, und

zwar muß es auf die rauhere Seite gegossen werden. Man achte
übrigens darauf, daß man immer dieselbe Seite benutzt!

Tropft am Vergaser fortwährend Benzin ab, so ist entweder
ein Anschluß oder die Schwimmernadel undicht. Letztere muß
dann sehr vorsichtig eingeschliffen werden, bis eine schmale matte
Stelle ringsum entsteht (Abb. 120 u. 121). Hat sich ein Ansatz
eingeschlagen, so muß derselbe abgedreht oder besser auf einer
Schleifmaschine weggeschliffen werden. Man nehme jedoch vor-

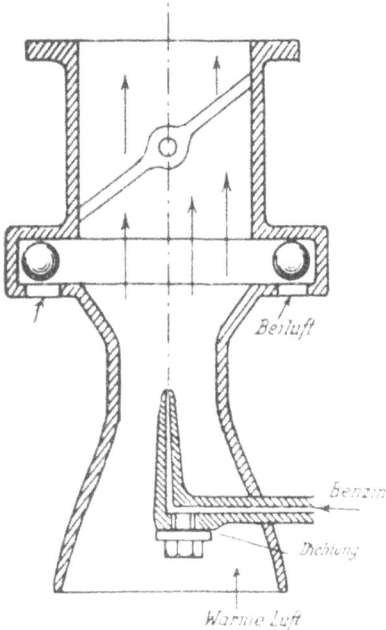

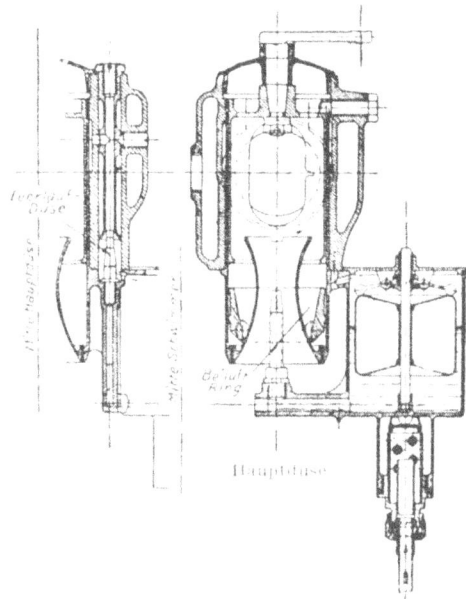

Abb. 122.   Abb. 123.

sichtigerweise nur wenig weg, da sonst die Nadel zu kurz wird
und nicht mehr genügend Hub zum Schließen hat.

Auch verursacht ein undichter oder schwerer Schwimmer
fortwährendes Überlaufen an der Düse. Durch Schütteln und
Horchen kann leicht festgestellt werden, ob in den Schwimmer
Benzin eingedrungen ist, durch Sieden im heißen Wasser oder
Anbohren wird es entfernt, und die undichten Stellen werden dann
vorsichtig verlötet.

Müller, Flugmotoren.   5

Vom Schwimmergefäß geht ein Benzinkanal zur Mischkammer und zur Hauptdüse. Letztere, auch Spritzdüse genannt, ist von vorwiegendem Einfluß bei hohen Umdrehungszahlen. Durch eine Nebendüse (s. S. 68) soll außer dem Langsamgang auch ein leichter Übergang von niedriger auf hohe Drehzahl oder umgekehrt ermöglicht werden.

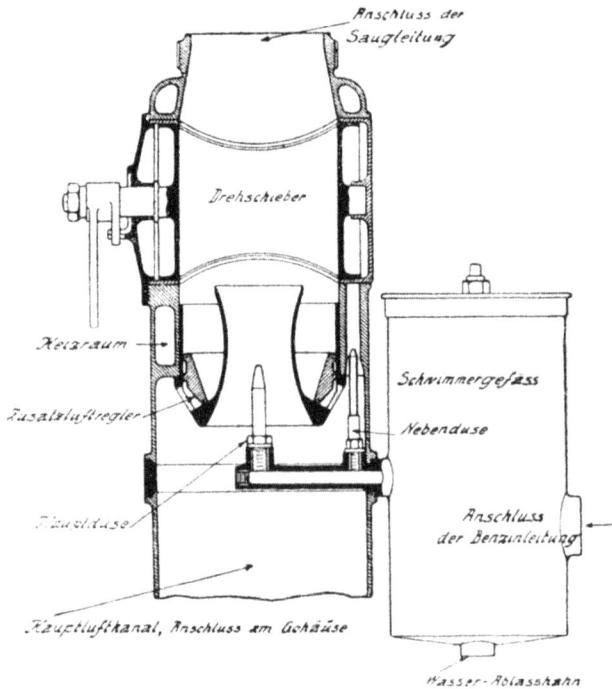

260 P.S-Mercedes-Vergaser.

Abb. 124.

Die Spritzdüse ragt mit ihrem oberen Teil in die Luftdüse (Zerstäuber oder Drossel genannt). Nach dem Gesetz der kommunizierenden Röhren steht das Benzin im Schwimmergefäß und in der Hauptdüse gleich hoch. Der Benzinstand ist 1 bis 2 mm unter der Düsenöffnung, um ein Überlaufen zu vermeiden. Erst die durch die Kolben erzeugte Saugwirkung reißt das Benzin mit großer Geschwindigkeit aus der Düse. Die Benzinteilchen vermischen sich mit der angesaugten Luft, da die Düsen und die

Mischkammer samt der Gemischleitung mit dem Innern des Zylinders verbunden sind (Abb. 124). Unterhalb der Luftdüse wird meistens warme Luft zum Mischgefäß geführt, um die Vergasung zu beschleunigen. Diese Art der Vorwärmung genügt allein selten für den Winter oder auf Flügen in höheren Luftschichten. Deshalb hat Mercedes noch Wasservorwärmung (Abb. 123 u. 124). Die Mischkammer ist durch eine Leitung mit den Zylindern verbunden und erhält heißes Wasser, eine zweite Leitung führt das abgekühlte Wasser zur Pumpe zurück, und so wird das oberhalb des Zylinders befindliche wärmste Kühlwasser

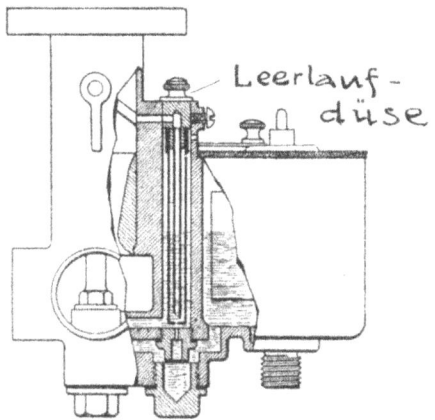

Zenith-Vergaser.
Abb. 125.

um den Vergaser geleitet. Diese Art der Vorwärmung ist die intensivste. Bei Benz- und anderen Motoren ist der Vergaser direkt in das Motorgehäuse eingebaut, und die Luftkanäle gehen quer oder längs durch das ganze Gehäuse. Neben der guten Vorwärmung wird auch wiederum durch die hindurchstreichende Luft (etwa 10 000 l in 1 Minute bei einem 100 PS-Motor) eine erwünschte Kühlung des Motorgehäuses erreicht. (Bessere Schmierung, da Öl dickflüssiger bleibt, verminderte Reibung in den Lagern und erhöhter mechanischer Wirkungsgrad.) Bei den starken modernen Mercedes-Motoren erhält der Vergaser neben der Warmwasserheizung noch vorgewärmte Luft, die um das Gehäuseunterteil oder daran entlang geleitet wird.

5*

Das Benzinluftgemisch erhält nochmals Beiluft durch besondere Schlitze oder Löcher mit Kugeln, wie beim G. A.-Vergaser (Cudell). Beim Mercedes-Vergaser ist die Beiluftöffnung, das ist ein Ring, der die Luftdüse umgibt, automatisch verstellbar. Die Beiluftzuführung ist also bei beiden Vergasern automatisch. Geht nun in dem Zylinder, dessen Ansaugventil geöffnet ist, der Kolben mit großer Geschwindigkeit hinunter, so tritt in der Mischkammer eine Luftverdünnung und damit ein Nachschießen von Luft durch die sich ö.fnende Beiluftregulierung ein. Bei einer mangelhaften Vorwärmung der Luft frieren alle automatischen Regulierungen fest, weshalb eine mechanisch verstellbare Regulierung am zuverlässigsten arbeitet.

Aus diesem Grunde ist an dem neuen hier skizzierten Vergaser mit zentraler Schwimmeranordnung die Beiluftöffnung mechanisch verstellbar, indem ein Ring konstruktiv mit der Drosselklappe verbunden ist und proportional zum Gemischdurchgang geöffnet und geschlossen wird (Abb. 126—127).

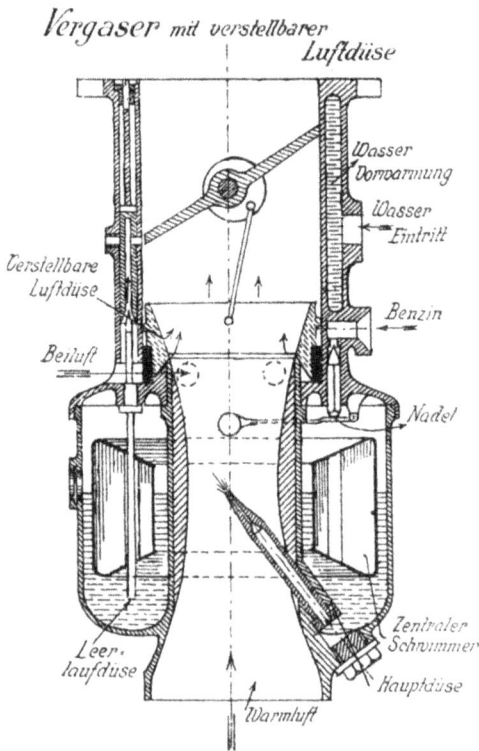

Abb. 126.

Durch Verdrehen der Drosselklappe oder des Rundschiebers reguliert man den Lauf des Motors. Neben der Hauptdüse für hohe Drehzahl besitzt fast jeder Vergaser noch eine Vorrichtung für den Langsamgang, die Nebendüse. Ist die Drosselklappe ge-

schlossen, so erhält der Motor nur noch Gemisch aus dem Leer-
laufdüsenkanal. Der Motor läuft dann mit der geringsten Umlaufzahl (200 bis 300) und ohne Kraftleistung, d. h. er befindet
sich im Leerlauf. Die Vorrichtung stellt also eigentlich einen

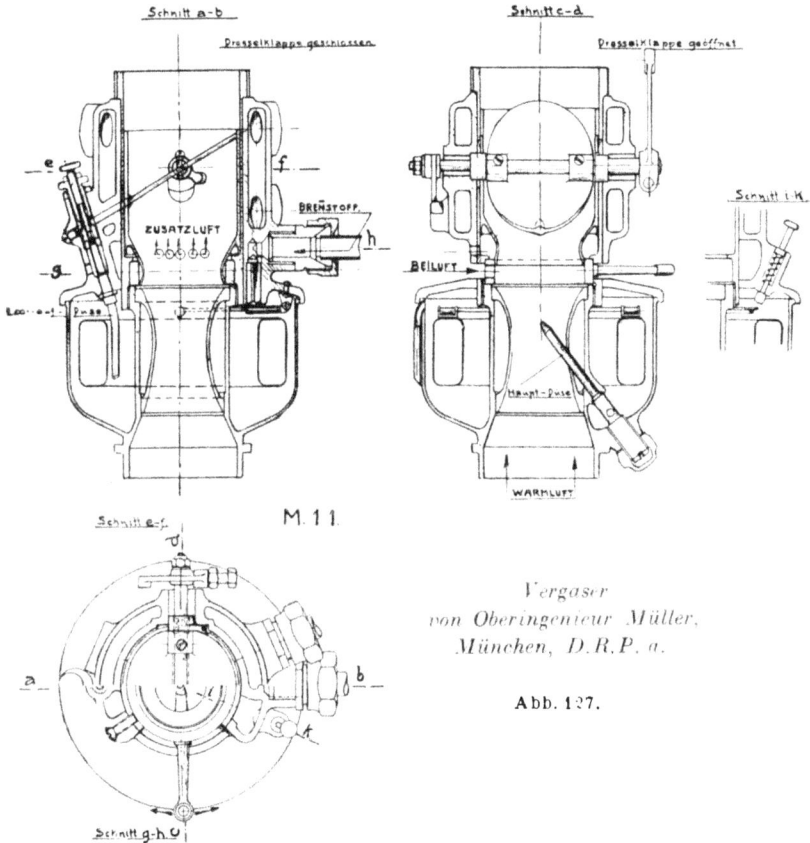

Vergaser
von Oberingenieur Müller,
München, D.R.P.a.

Abb. 127.

kleinen Vergaser für sich dar, dessen Querschnittsöffnungen so
berechnet sind, daß der Motor ein sehr reiches Benzinluftgemisch erhält, welches verhältnismäßig noch gut brennbar ist.
Mit diesem Gemisch wird der Motor auch bei geschlossener Drossel
angelassen. Durch die engen Querschnittöffnungen entsteht beim
Durchdrehen von Hand eine genügend große Gasgeschwindigkeit.

Da das Gemisch in einem leicht entflammbaren Zustand ist,
kann man den Motor leicht nach einigen Umdrehungen, wobei
man ein durch die Saugwirkung hervorgerufenes gurgelndes Geräusch im Vergaser wahrnimmt, in Gang bringen.

Die beiden Vergaser beim 6-zylindrigen Motor müssen bei jeder
Belastung so einreguliert sein, daß alle 6 Zylinder gleichmäßiges Ge-

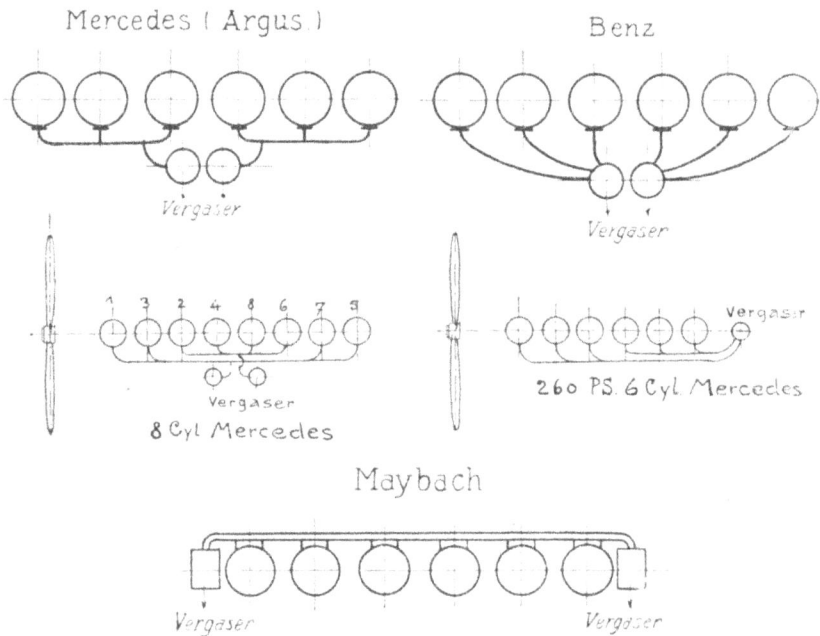

Abb. 128.

misch erhalten, was in der Regel auf dem Prüfstand ausprobiert
wird. Gehen nicht alle Zylinder, so muß der betreffende Vergaser
einreguliert werden, da sonst beim Langsamgang die Kerzen verölen.

Die Düsen sollen in der Bohrung nie verändert werden, da
$1/_{10}$ mm mehr oder weniger Lochdurchmesser den Gang und den
Verbrauch des Motors schon wesentlich beeinflußt. Die Spritzdüse darf nur herausgenommen werden, wenn Schmutz eingedrungen ist. Dies macht sich durch stetes Knallen im Vergaser

bemerkbar. Tritt Knallen mit gleichzeitiger Flamme auf, so ist entweder Benzinmangel, oder die Luft ist zu kalt. In diesem Falle muß untersucht werden, ob die Schwimmernadel bei seitlich angebrachter Schwimmervorrichtung hoch steht, d. h. nach Benzin verlangt, dann ist entweder der Zufluß zum Schwimmergehäuse verstopft oder es fehlt Benzin im Behälter. Bei tiefliegendem Benzinbehälter muß mehr Druck in den Behälter gepumpt werden. Bemerkt man das Knallen bei tiefliegender Schwimmernadel und vollem Schwimmergefäß, so ist eben die Benzindüse verstopft. Aber selbst wenn die Zuflußkanäle ganz frei sind, tritt oft Knallen auf, nämlich wenn der Motor zu kalt ist und die Drosselklappe sofort weit geöffnet wird. In diesem Falle muß die Drosselklappe solange geschlossen bleiben, bis das Knallen aufhört. Manchmal ist auch Wasser im Benzin. Ist z. B. das Benzin zu schwer, so taucht der Schwimmer zu wenig ein. Das Nadelventil schließt den Zufluß schneller, und der Motor erhält zu armes Gemisch. Die in den Fabriken ausprobierten Schwimmer genügen in der Regel für Benzin von 680 bis 720 spez. Gewicht. Ist das Benzin noch schwerer, so kann man sich zur Not damit helfen, daß man bis 20 g Zinn ringsum auf die Schwimmer lötet. Bei Leichtbenzin und zu schwerem Schwimmer wird jedoch der Motor nicht an Kraft gewinnen, vielmehr ist gerade das Gegenteil die Folge. Denn das Gemisch wird zu benzinreich, der Motor sinkt in der Leistung, und weitere Begleiterscheinungen sind Überhitzung des ganzen Motors, Verrußen der Zündkerzen und des Motorinnern.

Ein wiederholtes Knallen mit Rückschlagen der Explosionen in den Vergasern kann sehr leicht Vergaserbrand hervorrufen, weshalb die Drosselklappe unbedingt halb zu schließen ist. Im Winter werden die Ansaugrohre vorteilhaft mit Asbestschnur und Isolierband umwickelt, um Eisbildung innerhalb der Vergaserleitungsrohre zu verhindern. Bei Vergasern mit zentralem Schwimmerwerk kann das Mischgehäuse und ein großer Teil der Ansaugleitung günstiger vorgewärmt werden. Ein richtig vorgewärmter Vergaser ist lauwarm. Das Einfrieren ist natürlich stets ein untrügliches Zeichen für zu kaltes Gemisch. Hört man ein Zischen und Pfeifen an den Anschlußflanschen der Vergaserrohre, so sind die Dichtungen an den Zylindern defekt und müssen, da gefährlich, unbedingt ausgewechselt werden. Die Ansaugrohre sind an

den Flanschen stets auf Risse zu untersuchen. Ansaugleitungen
aus Aluminium sind nicht so zuverlässig wie solche aus Kupfer.
Neuerdings werden sie auch aus Stahlblech geschweißt. Das Gas
muß in den Leitungen kontinuierlich strömen, ohne Unterbre-
chungen, ohne heftige seitliche Ablenkung. Vorbedingung für
einen einwandfreien Lauf des Motors ist, daß der Vergaser zentral
mit möglichst kurzen Leitungen angeschlossen ist (Abb. 128).
In langen Leitungen kondensiert Benzin auf dem Wege zum Zylinder aus, und der Motor erhält benzinarmes Gemisch. Deshalb
ist stets größere Neigung zu Vergaserbränden vorhanden. In jedem Falle aber verursachen lange Leitungen erheblichen Energie-
verlust. Beim Benz-Motor gehen die Leitungen äußerst günstig
in gleichen Längen zu den verschiedenen Zylindern; sie bestehen
aus Aluminiumrohr und haben Gummiverbindungen, welche die
Erschütterungen aufnehmen.

7. Die Schmierung.

Die Schmierung aller gleitenden Teile des inneren Triebwerkes
der Maschine muß, unabhängig von der Aufmerksamkeit des
Fliegers, entsprechend der Umlaufzahl, automatisch geschehen.
Man unterscheidet:

1. Tauchschmierung (Schleuderschmierung),
2. Umlaufschmierung (Zirkulationsschmierung),
3. Frischölschmierung.

Tauchschmierung (Abb. 129) findet man nur noch bei Motoren
älteren Typs, z. B. Argus. Bei derselben tauchen die Pleuelstangen
in ein Ölbad und schleudern das Öl an die Schmierstellen.

Abb. 129.

Daneben hatte der Argus noch Frischölschmierung in die Zylinderlauffläche
und als Ergänzung des Ölvorrates im
Gehäuse. Tauchschmierung mußte, um
sicher zu funktionieren, Überfluß an Öl
haben, weshalb auch im Fluge stets ein
Ölschweif hinterlassen wurde. Es spra-
chen also schon wirtschaftliche Gründe
gegen sie. Da überdies infolge des Öl-
überflusses der Motor bei Schräglagen
stark verölte, konnte sie sich nicht behaupten.

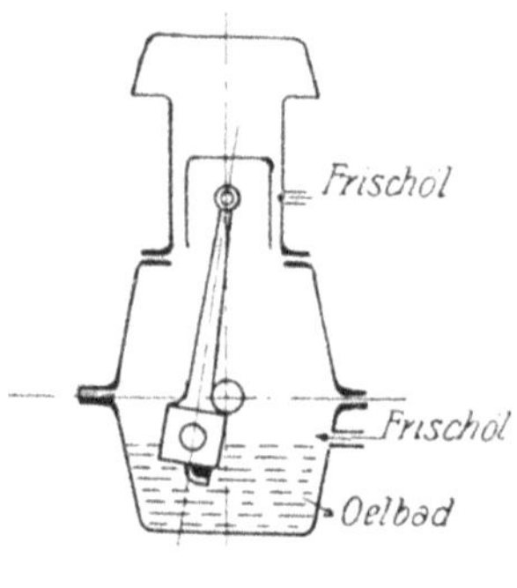

Alle modernen Flugmotoren haben Umlaufschmierung verbunden mit Frischölzufuhr oder neuerdings nur Überdruckschmierung.

Die Umlaufschmierung wird · am einfachsten durch eine
Zahnradpumpe besorgt (s. S. 77). Zweckmäßigerweise nimmt
das Gehäuseunterteil den Ölvorrat in einer tiefliegenden Wanne
für eine Betriebsdauer von 6 bis 8 Stunden auf. Bei den modernen

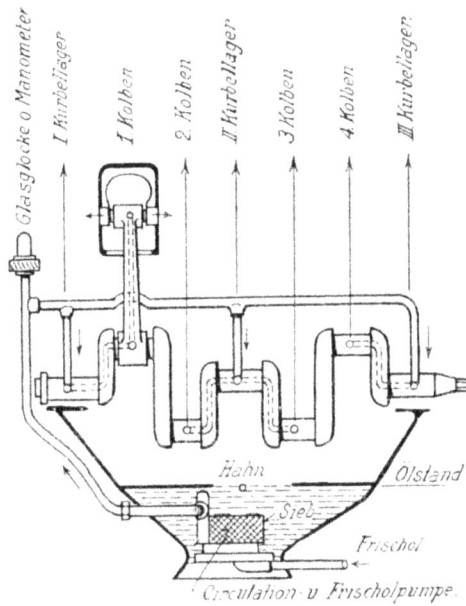

Abb. 130.

Flugmotoren mit Überdruckschmierung kommt diese Wanne in
Wegfall. Sie haben nur den augenblicklichen Bedarf, 2—3 l, im
Gehäuse. Dieser Stand wird ständig reguliert durch eine Niveaupumpe, welche aus einem in den Ölkreislauf eingeschalteten Ölbehälter gespeist wird. Da mit diesem auch die Kreislauf- und Absaugpumpe in Verbindung steht, so ist eine eigentliche Frischölschmierung nicht mehr möglich und eine fortschreitende Ver-
schlechterung des Öls die Folge. (Siehe auch S. 76 und 77.) Um
das Öl besser zu kühlen, wird es auch in besonders aufgehängte
Blechbehälter aufgenommen. Bei dieser Anordnung werden durch

die Vibrationen die Lötstellen der Behälter leicht undicht, und
dann können folgenschwere Defekte veranlaßt werden. Die Vibrationen sowie das fortwährende Erwärmen und Erkalten lassen die
Lötstellen brüchig werden.

Eine kleine Zahnrad- oder Kolbenpumpe saugt aus diesem Öltrog oder dem Ölbehälter das Öl und führt es unter Druck den einzelnen Schmierstellen zu (Abb. 130). Die Kurbelwellenlager werden vorteilhaft mit Öl überschwemmt. Das Öl tritt dann an den
Lagerstellen überreichlich aus und reißt sämtliche Abnutzungspar-
tikelchen der Lager mit sich fort. Es sammelt sich wieder auf dem Boden des Gehäuses, von wo es durch Siebe von neuem in die Zirkula-
tionsölpumpe gelangt und den Kreislauf von neuem beginnt. Bei den
neueren stärkeren Motoren ist noch eine Absaugpumpe vorgesehen,
welche bei Schräglagen (Gleitflug oder Steigen, je nachdem der
Motor eingebaut ist) das ins Ge-
häuse einlaufende Öl wieder ab-
saugt (Abb. 131).

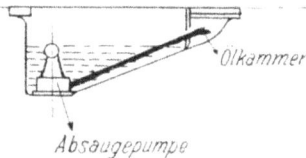
Abb. 131.

Durch geeignete Bohrungen
(Kanäle) in der Kurbelwelle gelangt ein Teil des Öles von den
Lagern aus in das Innere der
Welle. Diese schleudert es in die
Pleuelstangenlager, von wo es die Pleuelstange entlang zum oberen
Kolbenbolzen und durch diesen an die Zylinderwände gelangt, so
daß die Kolben stets Öl erhalten. Die Ölzufuhr zu den Kolben
ist durch die Lochgröße in der Pleuelstangenlagerschale bestimmt,
während die Ölmenge für die Lager der Kurbelwelle vielfach nach-
reguliert werden kann. Eine solche Schmierung verbraucht normal bei 100 PS-Motoren 1,5 l Öl in der Stunde, während die
Tauchschmierung für dieselbe Zeit 5 l verlangt.

Die Siebe der Zirkulationsölleitung müssen nach etwa 30 Betriebsstunden gelegentlich gereinigt werden. Das Öl wird durch die
Gehäuseentlüftungsrohre eingefüllt, und zwar nur so viel, bis es
an dem Überlaufhahn austritt.

Es ist natürlich darauf zu achten, daß bei dem Einfüllen von
Öl keine Unreinigkeiten in das Kurbelgehäuse hineinkommen, weshalb es nötig ist, das Öl durch einen Trichter mit Sieb einzufüllen.

Um eine Gewähr dafür zu haben, daß das Öl mit Sicherheit in die vorhin genannten Kanäle gepreßt wird, muß die Öl-

pumpe mit einem Überdruck arbeiten. Zum Anzeigen dieses inneren Öldruckes werden oft Manometer verwendet, die an irgendeiner Stelle der Druckleitung angeschlossen und bis zum Führersitz geführt werden. Man beobachte also öfters während des Laufes den Manometer. Sollte durch einen Zufall, eine Nachlässigkeit oder Leitungsbruch Ölmangel eintreten, so merkt man dies daran, daß der Druck konstant oder plötzlich sinkt. Meistens genügt

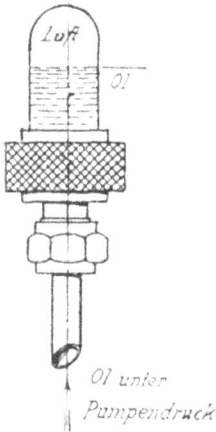

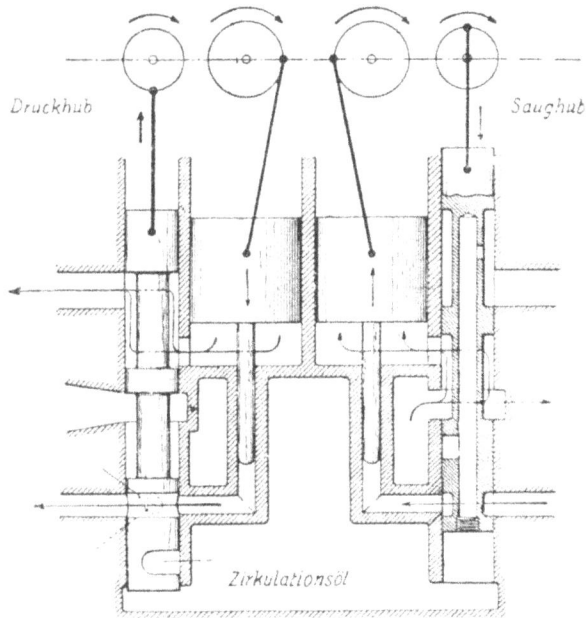

Abb. 132.   Abb. 133.

ein Druck von 4 m WS[1]) = 0,4 Atm. Sinkt er plötzlich, so daß ein Leitungsbruch oder Pumpendefekt zu vermuten wäre, so muß ein Flug bald beendet werden, damit die Lager wegen Ölmangels nicht gefährdet werden.

Die Manometer sind auch nicht immer zuverlässig, da beim Anlassen des Motors infolge dicken Öls meist ein so großer Druck entsteht, daß die Manometermembrane dauernd verbogen ist, deshalb falsch anzeigt und auch beim Abstellen des Motors nicht

---

[1]) WS = Wassersäule.

mehr auf Null zurückgeht, wenn nicht ein Anschlagstift am Manometer dem Zeiger zufällig diese Lage gibt. Besser würde diesem
Zwecke ein kleines Glasrohr dienen (Abb. 132), in dem die Luft
komprimiert wird. Sinkt das Öl in der Glocke vollständig, so ist
kein Öl mehr im Kurbelgehäuse, starker Leitungsverlust, oder es
ist die Förderpumpe defekt. Vor allem ist darauf zu achten, daß
die Saugleitung der Pumpe stets dicht ist, da Eintreten von Luft
sofortiges Abreißen des Ölfadens zur Folge hat. Im Winter emp-

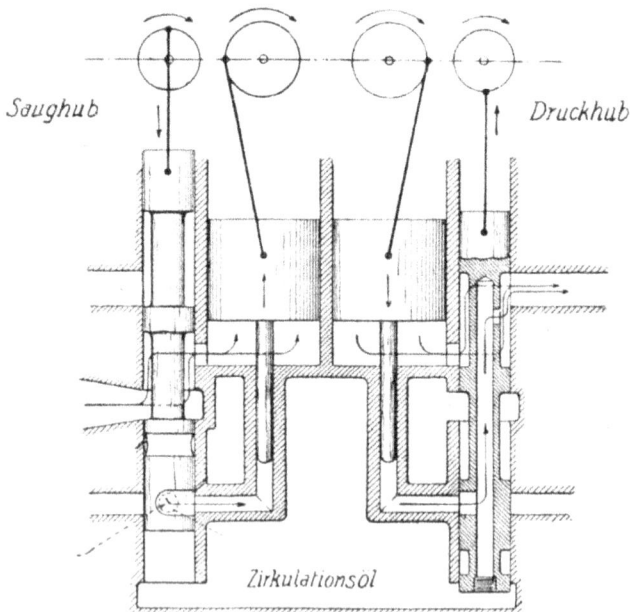

Abb. 134.

fiehlt es sich, das von der Ölpumpe oder dem Druckregler zum Manometer führende Rohr mit reinem, wasserfreiem Glyzerin aufzufüllen, um das Einfrieren auszuschließen und die zuverlässige Be-
obachtung des Öldruckes sicherzustellen.

Frischölschmierung wird in der Regel durch langsam-
laufende Kolbenpumpen (Abb. 133 u. 134) betätigt, welche bei den
besten Konstruktionen das Frischöl in abgemessenen Mengen direkt
in die Lagerstellen pressen, ohne es vorher in den Öltrog des Gehäuses

zu führen. Wenn, wie es meistens der Fall ist, Umlauf- und Frischölzusatzschmierung nebeneinander verwandt werden, ist es einfacher und vorteilhafter, auch für den Ölkreislauf eine Kolbenpumpe (statt der Rotationspumpe, s. S. 73) zu verwenden und
sie mit der Zusatzölpumpe zu vereinigen. Es wäre dagegen
nicht zweckmäßig, umgekehrt diese als Rotationspumpe aus-
zubilden, da die Fördermenge des Frischöls nur gering ist und

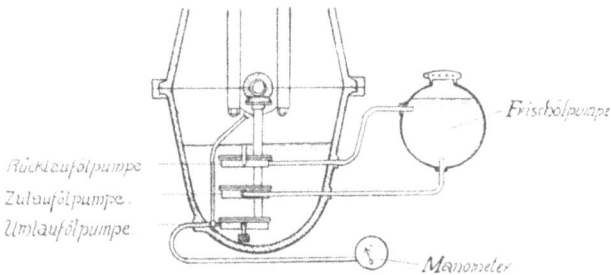

Schema der Schmierung (dreifache Pumpe).

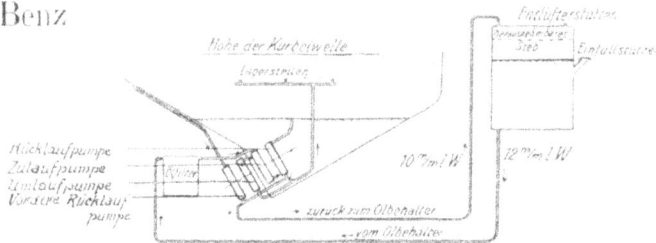

Schema der Schmierung (vierfache Pumpe).
Abb. 135.

genau bemessen sein muß, was durch eine Zahnrad- oder Exzenter-
pumpe sich nicht sicher erreichen läßt. Dem Motor muß so viel
Frischöl zugesetzt werden, als der Ölverbrauch überhaupt beträgt.
Es kommt bei einem 100 PS-Motor auf 50 l Zirkulationsöl ein
Zusatz von etwa 1,5 l Frischöl, d. h. die Zirkulationspumpe liefert
50 l an die Schmierstellen gegenüber 1,5 l der Frischölpumpe.
Bei stärkeren Motoren ist das Verhältnis das gleiche (100 : 3).
   Ausschließlich Frischölschmierung hat außer den
Umlaufmotoren nur der wassergekühlte Mercedes-Standmotor mit

hängenden Zylindern, da bei diesem Umlaufschmierung ebenso unmöglich ist wie beim Rotationsmotor.

Alle Motoren, welche nur mit Frischöl geschmiert werden, haben großen Ölverbrauch, weil das aus den geschmierten Stellen

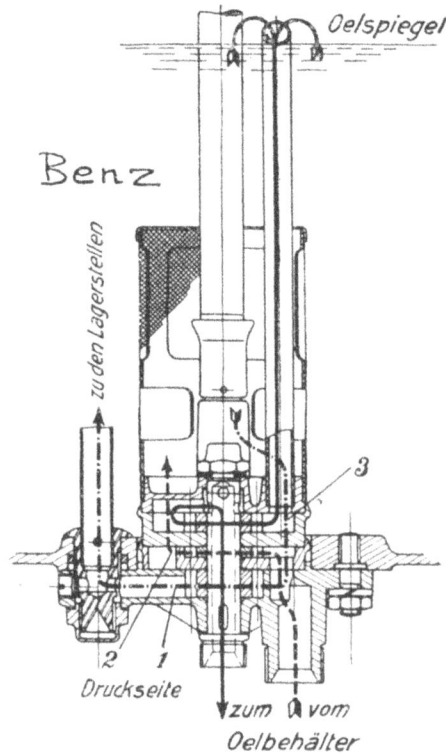

Abb. 136.

ablaufende Öl nicht wieder gesammelt werden kann. Sie fordern etwa 80 bis 150 g pro PS-Stunde gegenüber 15 bis 25 g bei Zirkulationsschmierung.

Wenn die Frischölschmierung nur zur Ergänzung der Umlaufschmierung dient, so fließt das einmal in die Lagerstellen gepreßte frische Öl selbstverständlich nicht mehr zum Frischölbehälter zurück; dieser kann also an irgendeiner beliebigen Stelle angebracht werden. Das Öl ist dann mit einer besonderen Zuleitung (meistens großer Gummischlauch mit innerer Stoffeinlage, so daß das Öl den Gummi nicht zersetzt) der Pumpe zuzuführen. Enge, lange Metallrohrleitungen vermeidet man tunlichst, da das Öl im Winter in den Rohren einfriert.

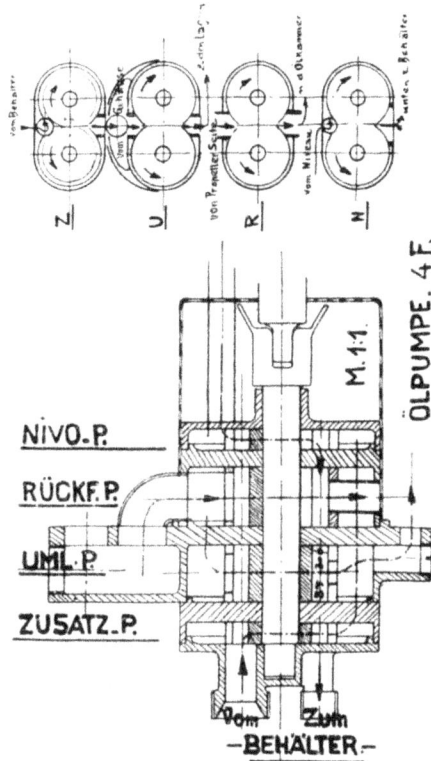

Abb. 137.

Zirkulationsöl bleibt im Betrieb stets flüssiger, da es vom Motor erhitzt wird. Bei Frischölschmierung ist die in die Lager gepreßte Ölmenge viel geringer als bei Umlaufschmierung. Ein Überschwemmen der Lager mit Öl ist nur bei der Umlaufschmierung möglich, deshalb bleibt diese Art der Schmierung die wichtigste. Die Frischölzusatzschmierung allein wäre ungenügend und kann eben nur als Sicherheitsfaktor angesehen werden. Eine

Kombination der beiden Schmierarten ist das Vollkommenste wegen ihrer sicheren Funktion und relativen Sparsamkeit.

Die neuen Benzmotoren haben ausschließlich Zahnradpumpen (Abb. 135 u. 136), verzichten also auf eine genau bemessene Ölzufuhr. Im ganzen sind 5 Pumpen in Tätigkeit. Die erste besorgt das Umlauföl und drückt es in die Gehäuselager und in die Kanäle der Kurbelwelle. Der Druck dieser Pumpe wird durch einen Manometer angezeigt und muß 0,7—1,2 Atm. während des Laufes be-

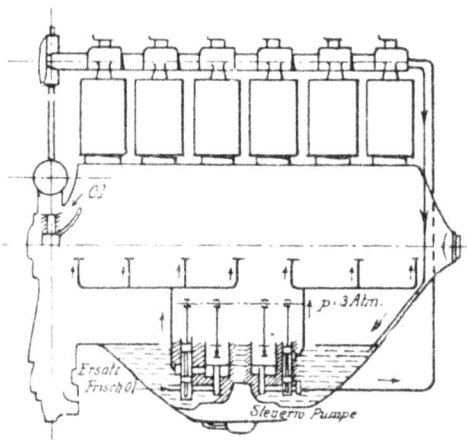

Abb. 138.

tragen. Bei noch kaltem Motor steigt er bis auf 2,5 Atm., so daß der Manometer einen Meßbereich von 0—4 Atm. haben muß. Die zweite Zahnradpumpe ergänzt den Ölvorrat im Kurbelgehäuse aus einem besonderen Ölbehälter, der zur besseren Abkühlung des Öls im Flugzeugrumpf aufgehängt ist. Von der dritten, der Niveaupumpe, wird der Stand des Öls im Gehäuse geregelt. Die vierte und fünfte saugen das bei Schräglagen des Motors im Gehäuse übertretende Öl wieder ab und führen es in den Ölbehälter zurück. Um bei jeder Neigung der Maschine die Rückförderung zu gewährleisten, sind eben zwei Pumpen nötig. Das Saugrohr der einen ist an der Propellerseite, das der anderen auf der entgegengesetzten Seite des Kurbelraumes. Diese Pumpenkombination bietet den großen Vorteil, daß ein zu hohes Ansteigen des Öls im Gehäuse und damit ein Verölen des Motors nicht mehr vorkommen kann, weil eine Pumpe die andere kontrolliert (Abb. 137).

Einer sorgfältigeren öfteren Ölung von Hand bedarf das Ventilgestänge. Vor jedem Flug läßt man einige Tropfen in die Schmierlöcher der Schwinghebel fallen, ebenso spritzt man etwas Öl an die Ventilführungen. Ist Handöler vorhanden, so schmiere man öfters die Nockenwelle während des Fluges und sorge dafür, daß die Lager der Steuerwelle genügend Öl erhalten. Man vergesse nicht, die Fettbüchse an der Wasserpumpe mit Fett zu füllen.

8. Wasserpumpe und Kühlung.

Der Kreislauf des Kühlwassers, der an und für sich schon infolge der starken Erhitzung des Explosionsraumes eintreten würde (Thermosyphonsystem), wird durch eine Kreiselpumpe mit einem Druck von 4—5 m WS unterstützt. Meistens wird eine Flügelradpumpe, die in der Minute etwa 120 l Wasser liefert, verwendet. Die Pumpe saugt das kalte Wasser unten vom Kühler ab und preßt es in die Zylindermäntel (Abb. 139). Es wird durch ein Verteilungsrohr zu den verschiedenen Zylindern geführt, wo es an der tiefsten Stelle eintreten muß. Hier geht es durch die Zylindermäntel hoch und umspült den Explosionsraum. Durch ein oberes Sammelrohr tritt

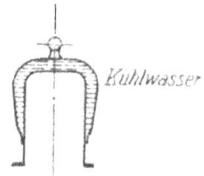

Abb. 139.

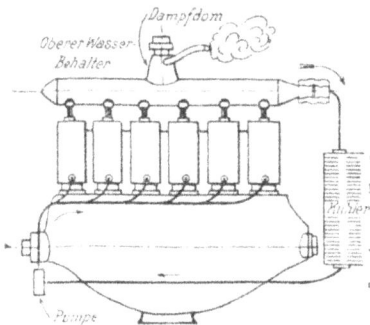

Abb. 140.

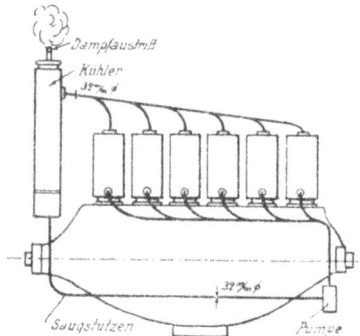

Abb. 141.

es zur Kühlanlage zurück (Abb. 140 u. 141). Kalkfreies Wasser ist am geeignetsten, weil es keinen Kesselstein ansetzt; man braucht jedoch damit nicht so ängstlich zu sein. In der warmen

Jahreszeit läßt man das Wasser in der Anlage; im Winter wird jeweils heißes Wasser frisch eingefüllt. Das Kühlwasser darf nicht schmutzig sein. Die Kühlanlage ist bis oben vollzugießen. Bei

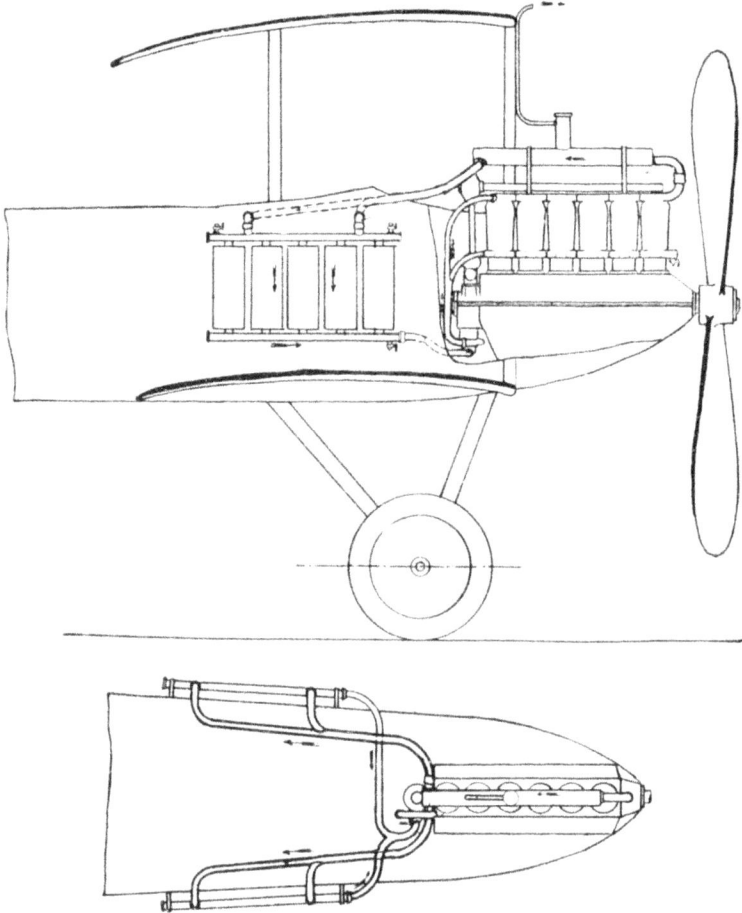

Kühlanlage mit Seitenkühler.
Abb. 142.

Seitenkühlern läßt man die Hähne offen bis Wasser austritt, damit alle Luft entweicht. Ist die Anlage ganz voll, so läßt man 1 l ablaufen, um freien Raum für das durch die Wärme sich aus-

dehnende und durch den Pumpendruck steigende Wasser zu bekommen.

Das Kühlwasser soll 50⁰ bis 70⁰ C warm sein. (60⁰ C ist das Günstigste für die Motorleistung.) Die Wasserpumpe muß tief liegen, da heißes Wasser schlecht angesaugt wird. Um inneren Dampfdruck zu vermeiden, wird in der Regel ein oberer Wasser-

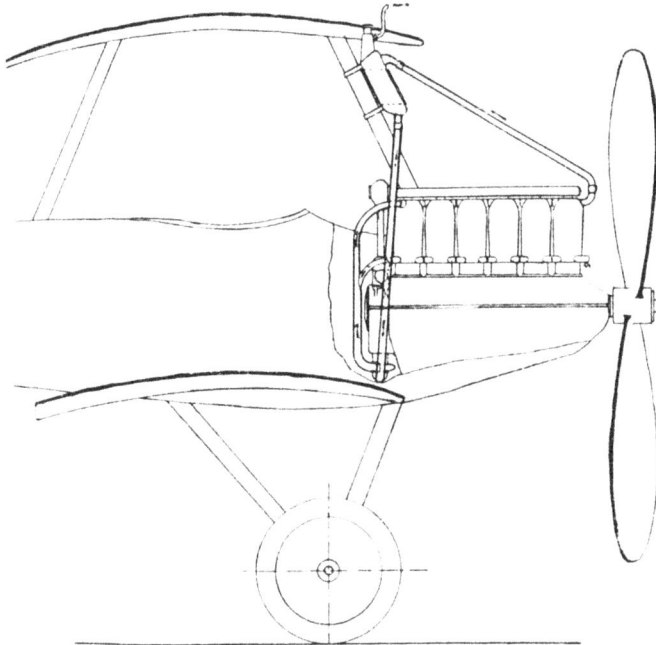

Kühlanlage mit Sternkühler

Abb. 143.

behälter über den Zylindern angebracht. An jedem Kühlsystem muß ein solches Ausgleichgefäß mit Dampfentlüftung am höchsten Punkte vorhanden sein. Bei hochliegendem Kühler muß dieser Raum im Kühler selbst liegen, wobei dann ein einfaches Rohr zwischen Zylinder und Kühler genügt. Bei tiefliegendem Kühler erhält der vorhin erwähnte obere Wasserbehälter einen sog. Dampf-dom mit Entlüftung (Abb. 140—143).

Wenn bei dieser Anordnung aus dem Dampfablaßrohr fort-während kaltes Wasser austritt, so ist entweder der Ausfluß zum

Kühler zu eng oder die Pumpe leistet zu viel. In diesem Falle wird an dem Austrittstutzen der Pumpe (Abb. 140) ein Zwischenflansch mit kleinerem Loch eingelegt, um das Druckwasser zu drosseln. Man muß damit aber sehr vorsichtig und nicht zu voreilig sein, soll es eigentlich grundsätzlich nicht machen; denn je mehr die Pumpe leistet, desto besser ist es. Man muß den Fehler in der Kühlanlage suchen. Im allgemeinen gilt die Regel, daß jede Verengung oder Erweiterung der Leitungsquerschnitte Sache des Erbauers bzw. der Fabrik ist. Hat ein Motor durchweg eine An-

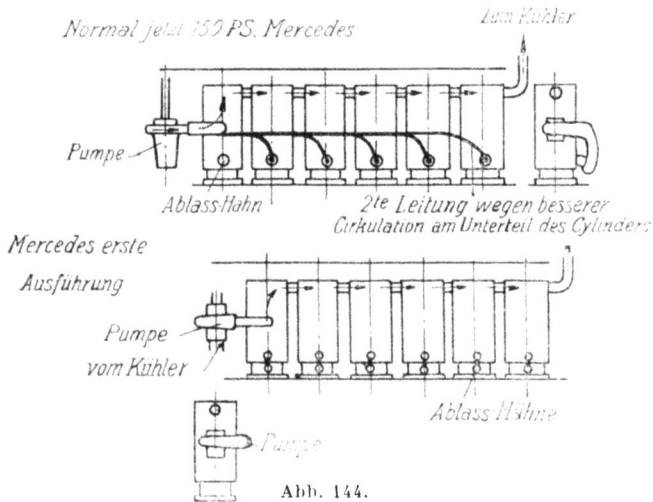

Abb. 144.

saug- und eine Auspuffseite, was bei seitlich angeordneten Ventilen der Fall ist, so sollten die Ein- und Auslaufstutzen des Kühlwassers möglichst an der Auspuffseite des Zylinders sein, denn diese erfordert die bessere Kühlung (Abb. 145). Die Ansaugseite wird ja schon gekühlt durch die kalten Gase.

Um Rohrbrüche zu vermeiden und Maßdifferenzen auszugleichen, werden die einzelnen Teile der Leitungen mit längeren Gummistutzen[1]) verbunden, welche die Vibrationen aufnehmen. Diese Schlauchverbindungen haben Schellen, die man auch dann

---

[1]) Die Gummistutzen dürfen nicht zu lang sein, da sie durch die Saugwirkung zusammengequetscht werden.

und wann nachsehen muß. Beim Aufsetzen der Schlauchstücke,
die sehr stramm passen sollen, empfiehlt es sich, etwas Öl über die
Stutzen zu streichen. Sind die Ränder der Gummistutzen fest-
gebacken, so lockert man sie beim Abnehmen mit einem passenden
Werkzeuge, damit sie nicht zerrissen werden. Rissige Schläuche ersetze man frühzeitig, sonst kann einem in der Luft das ganze Kühlwasser verloren gehen! Bei 100 PS-Motoren besitzt das Zu- und
Abflußrohr 32 mm Lichtweite. Engere Leitungen neigen nament-

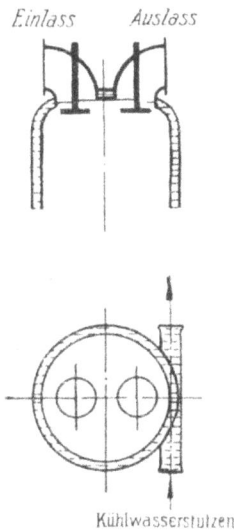

Abb. 145.

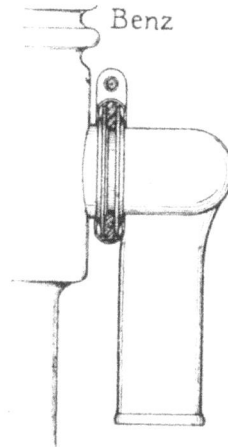

Abb. 146.

lich im Sommer zu Dampfbildung. Zu kleine Kühler und solche
mit zu geringer Wasserdurchlässigkeit sind gefährlich. Man achte
darauf, daß die Anschlußstutzen an den Kühler dieselbe Lichtweite
besitzen wie die vom Motor kommenden Rohrleitungen (Abb. 140).

Tritt Frostgefahr ein, so muß unter allen Umstän-
den das Wasser aus der Maschine abgelassen werden.
An allen tiefliegenden Punkten sind Hähne angebracht (Abb. 144).
Bei jedem unbekannten Motorsystem untersuche man genau, ob
sich nicht irgendwo ein Wassersack bildet, und reklamiere sofort,
wenn an einem solchen kein Abfluß ist. Tritt das Wasser in die
Zylindermäntel an der tiefsten Stelle ein und ist sonst nirgendwo

ein Wassersack, so öffnet man nur den Hahn an der tiefer-
gelegenen Wasserpumpe und läßt das Wasser auslaufen. Man
soll jedoch nie sofort nach dem Abstellen des erhitzten
Motors das Wasser ablassen, sondern erst nachdem er sich
etwas abgekühlt hat. Tritt das Wasser nicht an der tiefsten
Stelle am Zylindermantel ein, so sind alle Hähne zu öffnen.

Hört das Wasser auf zu fließen, so drehe man den Motor
einige Male durch, damit der letzte Rest aus den Flügeln der Pumpe
ausläuft. Beim Einfüllen läßt man den Hahn an der Pumpe und
den Kühlern offen, bis Wasser ausläuft. Im Winter muß warmes
Wasser aufgefüllt werden.
Hat man die Kühlanlage mit
Glyzerinlösung gefüllt (1:3) und
ist die Frostperiode vorüber, so
soll die Mischung sofort wieder abgelassen werden. Das Glyzerin
soll säurefreies Rohglyzerin sein,
es darf also blaues Lackmuspapier
nicht rot färben. Ein gutes Ge-
frierschutzmittel ist auch Chlor-
kalzium in 10 proz. Lösung oder
Spiritus.

Bei Frost drehe man nach
längerem Stillstand des Motors nicht eher an dem Pro-
peller oder der Andrehkurbel, bis man Gewähr dafür hat,
daß in der Wasserpumpe kein Eis vorhanden ist, denn
zwischen den Pumpenflügeln und dem Gehäuse läßt sich nicht
immer alles Wasser entfernen und es friert ein. Man lasse also
stets vorher etwas warmes Wasser abfließen, ehe die Pumpe durch
Drehen am Motor bewegt wird. Ohne diese Vorsichtsmaßregel kann
man die Pumpe beim Andrehen schwer beschädigen. Man hört
dann ein Krachen des Eises.

Jetzt endlich wird in die Leitung zum Kühler ein Thermo-
meter solide eingebaut, so daß der Führer die Kühlwassertemperatur
ständig beobachten kann. Er hat es dann in der Hand, diese durch
verstellbare Abdeckungen der Kühlfläche auf der richtigen Höhe
zu halten, was sich auch durch verstellbare Drosseln in der Leitung,
d. h. also ein Erweitern oder Verengern des Rohrquerschnitts

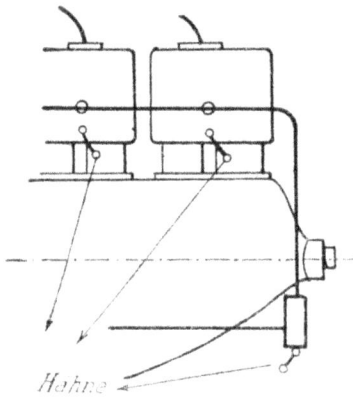

Hähne

Abb. 145.

(Hahn) erreichen ließe. Der Einlauf zur Pumpe soll 60° C, der Auslauf zum Kühler 70 C nicht wesentlich überschreiten.

Die Kühler bieten durch die große Oberfläche (0,06—0,08 qm pro PS) dem Wasser Gelegenheit, die im Motor aufgenommene Wärme an die Luft abzugeben. Alle Kühlerkonstruktionen streben bei leichtestem Gewicht an, das Wasser in eine möglichst große Anzahl dünner Fäden zu zerlegen. Sie sind meistens aus Messingblech oder aus Messingröhrchen hergestellt.

B. Behandlung des Motors.
I. Behandlung im allgemeinen.

Nach längerem Betriebe ist durch den Verschleiß, der hauptsächlich an jenen Stellen auftritt, die sich gegenseitig reiben, eine gewisse Betriebsunsicherheit eingetreten.

Damit man das nötige Vertrauen zu der Maschine behalten kann, muß sie vor allem sauber gehalten werden. Nur an einem gereinigten Motor ist eine genaue Kontrolle aller sich mit der Zeit mehr oder weniger abnutzenden Teile möglich. Die Kontrolle auf Risse oder Bolzenanfressungen kann teilweise während der Reinigung selbst vorgenommen werden. Man sehe gleichzeitig nach, ob Schwinghebel, Ventilstößel,

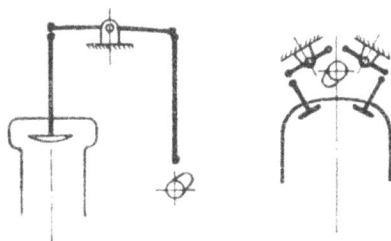

Abb. 146.

Federn, Kappen, Rollen, Nockenwelle u. dgl. defekt oder besonders stark abgenutzt sind (Abb. 146).

Zum Reinigen bedient man sich eines langen Borstenpinsels und Petroleums (im Notfalle Benzins), womit man den Motor von oben her abzubürsten beginnt. Wo es sich darum handelt, starke Ölkrusten zu entfernen, gieße man etwas Petroleum zu und schabe sie dann mit einem stumpfen Gegenstand (Holzspan) weg.

Da die Magnetapparate sehr empfindlich sind, achte man bei ihrer Reinigung besonders darauf, daß sie nicht rücksichtslos mit Benzin oder Petroleum übergossen werden. Nachträglich wird alles trocken gerieben und die blanken Teile werden leicht mit Öl angefettet. Natürlich müssen nach der Reinigung alle sich bewegenden Teile wieder gut geölt werden.

Man untersuche beim Ventilgestänge, ob nirgends Bolzen ausgeschlagen sind; dies kann bei Langsamgang des Motors kontrolliert werden. Man sieht dann den Bolzen sich im Loch bewegen. Der Ventilhebelbolzen muß in die Gabel stramm einpassen (Abb. 147), die Ventilhebel selbst sollen sich um den Bolzen leicht drehen,

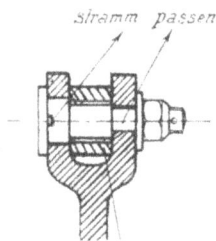

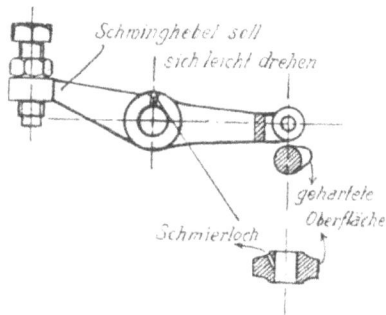

Abb. 147.   Abb. 148.

dürfen aber kein Spiel besitzen. Da die Ersatzteile wie alle Einzelteile von den Fabriken in Masse hergestellt werden, müssen immer noch beim Auswechseln feinere Paßarbeiten, wie Brechen der Kanten usw. vorgenommen werden. Alle Rollen der Schwinghebel

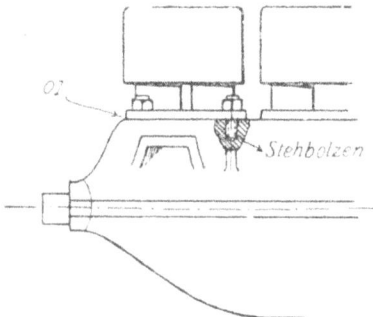

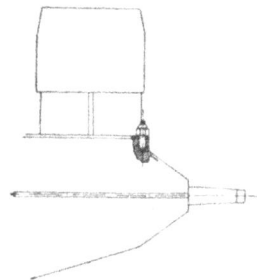

Abb. 149.   Abb. 150.

müssen sich leicht drehen und dürfen auf ihrer Oberfläche und der des Nockens nicht angefressen sein (Abb. 148). Das Gehäuse muß in Nähe der Lagerstellen, der Verankerungsschrauben und der

Gehäusefüße auf Risse untersucht werden, ebenso alle Flanschen an Ansaug- und Wasserrohren.

Die Zylinderflanschenschrauben sind auf festen Sitz zu kontrollieren. Die Kontrolle vollzieht sich in der Weise, daß man bei langsam laufendem Motor Öl an die Verbindungsstelle zwischen Zylinderflanschen und Gehäuse streicht. Macht dieses bei den Explosionen Quetschbewegungen, so sind die Schrauben fester anzuziehen. Hilft das nicht, so ist der Stehbolzen (Abb. 149) im Gehäuse ausgeschlagen. Es muß immer über Kreuz nachgezogen werden.

Macht ein Zylinder trotz der einwandfreien Befestigung scheinbar nach oben springende Bewegungen, so hat die betreffende Pleuelstange Spiel im Lager oder im Kolbenbolzen. Jedenfalls muß innerlich nachgesehen werden. Dieses Spiel macht sich auch durch Klopfen bemerkbar. Um das Klopfen besser unterscheiden zu können, bedient man sich eines Hörrohres (Abb. 150).

Ein Klopfen an den Zylinderwänden ist im allgemeinen ein Zeichen dafür, daß der Kolben zuviel Spiel im Laufrohr hat. Der Kolben bewegt sich dann ähnlich

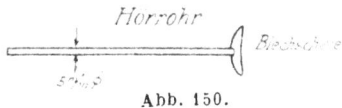

Abb. 150.

wie eine Glocke. Dieser Mangel hat bei guter Kompression des betreffenden Zylinders weniger Bedeutung. Ein Motor wird aber nun auch in dem Falle stets klopfen, wenn man ihm bei Langsamlauf zuviel Vorzündung gibt. Volle Vorzündung darf bis zu 600 Umdrehungen nie gegeben werden, sondern nur bei voller Drehzahl.

Es empfiehlt sich immer, nach einer Demontage des Motors die Einstellung der Zündung mit dem Totpunktmesser zu prüfen. Zündungsstörungen haben ihren Grund oft in Mängeln der Kerzen, namentlich dann, wenn ein oder zwei Zylinder aussetzen. Am sichersten findet man die fehlerhafte Kerze dadurch heraus, daß man beide Magnete einschaltet und bei der einen Kerze des verdächtigen Zylinders Kurzschluß mit Hilfe eines Schraubenschlüssels herbeiführt. Setzt der Zylinder dann aus, so ist immer die andere Kerze defekt.

Einbau im Flugzeug.

Jeder Motor muß auch ein seinem Zwecke entsprechendes Fundament erhalten. Man kontrolliere dasselbe stets aufs gründ-

lichste. Einmal werden die Motoren mit feststehendem Kurbelgehäuse direkt mit dem Boot des Flugzeuges oder in einem besonders eingesetzten, sog. falschen Rahmen aus Holz oder U-Profil
verbunden. Daß diese Teile gut unterstützt sein müssen, versteht
sich von selbst. Es ist Pflicht und Aufgabe der Flugzeugfabriken,
darauf zu achten, daß der Motor in durchaus sachkundiger Weise
eingebaut wird. Es darf z. B. dem an sich schwachen Kurbelgehäuse nicht die Aufgabe zugewiesen werden, den Flugzeugrahmen
zu versteifen. Die Flugzeugfabriken setzen sich mit den Motor-
lieferanten deswegen in enges Einvernehmen. Es geht ihnen von

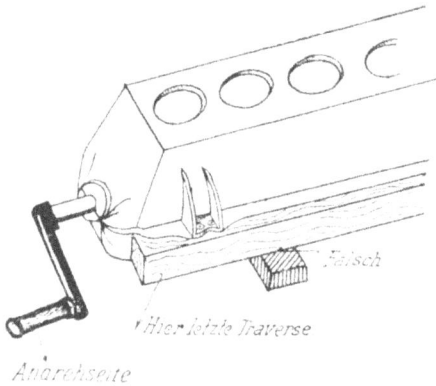

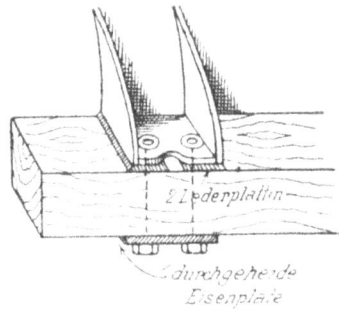

Abb. 151.   Abb. 152.

diesen eine Einbauzeichnung zu, auf der jedoch nur die Lage und
Maße der Gehäusefüße, Befestigungsschrauben, der Benzin-, Öl-
und Wasseranschlüsse ersichtlich sind.

Damit beispielsweise der Einbau genügend stabil ist, erhält
der Längsrahmen tunlichst 3 Traversen, eine am Propeller, eine
in der Mitte je nach Art des Gehäuseunterteiles, eine an der Andrehseite. Es wird dadurch erreicht, daß alle Zylinder innerhalb eines
festen Rahmens arbeiten. Der Rahmen muß somit aus Längs-
und Querträgern bestehen (Abb. 151).

Arbeitet der Motor nicht mit all seinen Zylindern innerhalb
des festen Rahmens, indem er z. B. mit einem oder sogar zwei
Zylindern über die Traverse an der Andrehseite hinausragt, so
schwingt er an der Andrehseite, welches dann Vibrationen der
ganzen Maschine und des Fundamentes verursacht. Die Längs-

träger sind meistens aus Holz, dagegen die Querträger aus ge-
preßtem Stahlblech. Als Unterlage für die Motorgehäuse werden
Fiber- und Lederstreifen verwandt. Eifahrungsgemäß darf man
nie einen Streifen aus einem Stück verwenden, sondern man läßt
einen 1 Zentimeter breiten Zwischenraum zwischen 2 Stück von
etwa 7 mm Dicke. Läßt man nämlich die Lederplatte von der
einen Fundamentschraube zur anderen durchgehen, so quillt das
Leder bei Feuchtigkeit derart, daß es in der Mitte eine schwache
Pratze sprengt (Abb. 152).

Die Befestigungsschrauben müssen genau in die von der
Fabrik bestimmten Löcher passen und dürfen nicht etwa
schwächer sein. Damit sich die Schraubenköpfe nicht in den Holz-
träger fortwährend einpressen, nimmt man keine gewöhnlichen
Unterlagsscheiben, sondern legt etwa 4 mm starke Blechplatten
von der ganzen Breite des Holzträgers unter. Verwendet man
Längsträger aus Holz, so müssen dieselben etwa 80 auf 50 cm
Eschenholz sein und dürfen nicht durch Ausfräsungen erleichtert
werden. Die Fundamentschrauben müssen natürlich versplintet
sein, und nie darf eine solche fehlen.

Auspuffleitung und Töpfe.

Früher waren Motoren für Flugzeuge nur mit kurzen Auspuff-
stutzen versehen (Abb. 153). Dieselben mußten jedoch nach und

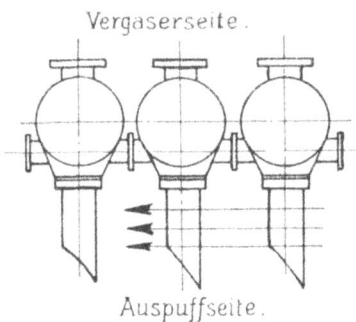

Vergaserseite.

Auspuffseite.

Abb. 153.

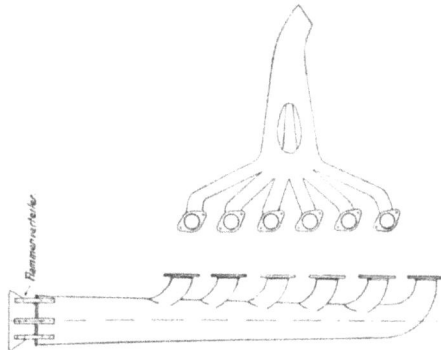

Abb. 154.

nach so verlängert werden, daß die Abgase den Flieger nicht belä-
stigen und mit Öl bespritzen. Die Auspuffseite ist in der Regel

nach rechts — in Fahrtrichtung gesehen — da die Gase bei dem üblichen Propellerdrehsinne durch die fortgeschleuderte Luft meistens nach unten geworfen werden. Im Kriege ist natürlich Schallwirkung nach unten, die das Herannahen eines Fliegers frühzeitiger verrät, nicht am Platze. Deshalb werden die Auspuffrohre jetzt nach oben über die Tragflächen hinaus geleitet.

Da die Motoren stärker und somit der Auspuff lauter ist, werden neuerdings fast nur Auspufftöpfe angeordnet. Bei den Stutzen und dem einen Auspuffrohr des Topfes ist das Ende schräg abzuschneiden, so daß der Fahrwind noch saugend wirkt (Abb. 154).

Zur besseren Schalldämpfung werden durchlöcherte Querwände oder Siebeinsätze mit vielen nicht zu kleinen Löchern (6 mm) gerne verwandt.

Spiralig geführte Wege der Auspuffgase haben zwar eine gute Schalldämpfung, jedoch auch etwa 2% Kraftverlust.

Behälter.

Das Benzin und das Schmiermaterial wird stets in besonderen Behältern mitgenommen (Abb. 155—156). Sie werden fast durchweg aus Messing oder Kupferblech ausgeführt, da sich dieses Material am besten vernieten und verlöten läßt. Diese Bleche

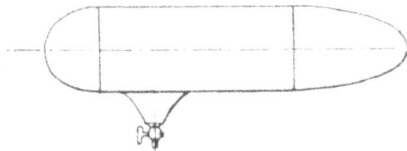 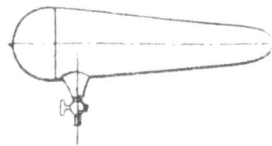

Abb. 155.   Abb. 156.

haben außerdem eine große Elastizität, und deshalb werden die Behälter an den Verbindungs- und Aufhängestellen nicht so leicht brüchig wie solche aus Aluminium. Wegen Knappheit dieser Metalle wird auch verbleites Eisenblech genommen. Es müssen dann aber die Wände an den Stößen gut durchgebrannt werden, ebenso die Kupfernieten, die ausschließlich zum Vernieten genommen werden dürfen. Denn diese Behälter werden durch die Erschütterungen des ganzen Flugzeugrumpfes leicht undicht. Messingblechbehälter sind jedenfalls vorzuziehen. Um bei möglichst wenig Wandungsgewicht viel Inhalt zu fassen, erhalten die Behälter innerhalb der Karosserie eine entsprechende Form. Kleinere Behälter, die außerhalb der Karosserie liegen, haben, um den Fahrwiderstand zu verringern, eine elliptische Form, ganz kleine Behälter erhalten die Tropfenform. Damit die Aufhängung etwas nachgiebig ist, werden elastische und zur Erleichterung durchlöcherte Stahlbänder am besten verwendet. Alle diese Aufhängungen sind natürlich stets auf Bruchstellen zu untersuchen und, um ein Rosten zu vermeiden, mit Ölfarbe anzustreichen. Es muß auch stets ein Augenmerk auf alle Leitungen, die von und zu den Behältern gehen, gerichtet werden, besonders darauf, ob alle Hähne dicht sind. Beim Füllen

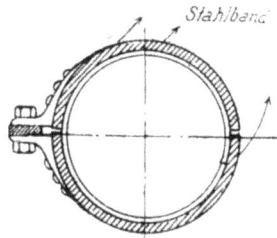

Abb. 157.

unterhalb der Motormittelachse angeordneter Brennstoffbehälter achte man darauf, daß mindestens 2 cm Luftraum für die Druckluft frei bleibt. Sind dagegen die Behälter über dem Vergaser eingebaut, so daß die Zuführung des Benzins durch natürliches Gefälle erfolgt, so muß der Behälter zur Vermeidung einer Vakuumbildung mit einer kleinen Luftöffnung versehen sein.

Bei der großen Feuergefährlichkeit des Benzins und leichten Brennbarkeit von Fett und öliger Putzwolle versteht es sich von selbst, daß größte Vorsicht obwalten muß. Grundsätzlich darf kein Feuer und Licht in der Nähe der Benzinbehälter sein. Auch schon vor längerer Zeit geleerte Benzinfässer enthalten trotz der Entlüftung noch Kohlenwasserstoffgase und sind deshalb gefährlich, weil sie von dem geringsten Funken entzündet werden und auseinanderbersten. Selbst durch glühende Ölkohle, die aus dem Auspuff gestossen wird, können Benzinbrände verursacht werden. Bei Benzinbränden hilft Wasser nicht allein, wohl aber feuchte Decken oder Lappen oder Sand, mit dem der Brand erstickt wird.

Die Aufbewahrung von Motoren geschieht am zweckmäßigsten in einem nicht zu kalten Raume, dessen Temperatur nicht unter + 10° C beträgt. Denn bei einer Temperaturbewegung von etwa 0° auf + 10° schlägt sich Wasserdunst an, der natürlich ein Rosten der inneren Stahlteile zur Folge hat. Gegen Staub sind die Motoren durch Decken zu schützen.

2. Kontrolle der Motoren vor wichtigen Flügen.

Wenn eine möglichst große Betriebssicherheit bei einem langen Fluge erreicht werden soll, so müssen alle störenden Einflüsse, die diese Sicherheit vereiteln könnten, aufgedeckt und alle Mittel benutzt werden, um sie auszuschalten. Hat man einmal eine harte Landung gemacht, so untersuche man vor allem das Fundament des Motors, ob keine Verbände sich gelockert haben und das Fahrgestell in Ordnung ist. Hier ist eine Formänderung nicht immer ein Bruch, aber infolge von Erschütterungen und Materialermüdungen kann derselbe herbeigeführt und Verbände können gelockert werden.

Dann verfahre man weiter folgendermaßen:

1. Man überzeuge sich immer selbst, ob alle Öl- und Benzinbehälter mit gutem Betriebsstoff gefüllt sind. Den Motor versehe man mit neuem Öl. Gutes Öl ist Vakuumöl A, dünnflüssig, nur für den Winter, Vakuumöl B dickflüssig, für den Sommer.

Sorgfältig gemischte Öle erhält man auch bei Zeller & Gmelin, Eislingen (Württemberg). Das spezifische Gewicht der meist verwendeten Öle beträgt rd. 0,9, ihr Entflammungspunkt[1]) liegt bei 200 bis 250°, die Viskosität (Schmierfähigkeit: für Wasser = 1) liegt bei ca. 50° zwischen 6 und 8 (Mineralöl)

Viskosität für Benzin:

$$0,68 \text{ bei } 15^0 = 0,00342$$
$$0,704 \text{ » } 15^0 = 0,08380$$
$$0,72 \text{ » } 14^0 = 0,00421$$

Das Benzin wird mit der Senkwage (Abb. 158) auf sein spezifisches Gewicht geprüft (0,68 bis 0,72 Leichtbenzin, 0,72 bis 0,75 Schwerbenzin, letzteres für Motoren mit zu kleinem Kompressionsraum). Zur weiteren Qualitätsprüfung gieße man etwas Benzin auf die Hand. Wenn es rasch verdunstet, ohne Wasser zu hinterlassen, ist es gut. Im allgemeinen kann man einen Verbrauch bei Standmotoren von 210 bis 250 g Benzin und 15 bis 30 g Öl, bei Rotationsmotoren

Abb. 158.

---

[1]) Unter Entflammungspunkt versteht man die Temperatur, bei welcher das Öl brennbare Dämpfe zu entwickeln beginnt. Der Entzündungspunkt liegt also immer einige Grad höher.

von 320—360 g Benzin, 80—120 g Öl pro PS/Std. rechnen. Man nehme stets reichlich Betriebsmaterial mit und gieße Benzin nur durch Wildleder in die Behälter.

2. Man kontrolliere alle Benzinanschlüsse und Hähne, ob nirgends Tropfen sich bilden und ob die Konen der Rohrverschraubungen an den Lötstellen gut sind. Beim Lauf des Motors beobachte man, ob die Leitungen genügend befestigt sind, schütze sie gegebenen Falles gegen Vibrationen und Durchscheuern durch Umkleiden mit Filz oder Isolierband. Die Filter und Wasserabscheider sind herauszunehmen und zu reinigen.

Alle schwingenden Teile der Motoranlage müssen möglichst am Motor selbst befestigt und unterstützt werden. Bei den Wasserleitungen müssen die Gummistutzen auf Haltbarkeit untersucht werden. Man untersuche weiter alle Flanschen auf ihre Dichtheit. Bei Frost ist warmes Wasser und warmes Öl aufzufüllen.

3. Beim Ventilgestänge ist das Spiel nachzusehen. Lange Stoßstangen (Benz, Argus) verbiegen sich gerne, Kipphebel, Rollen und Federn können sich festfressen oder gebrochen sein. Lahme Ventilfedern wechsele man aus.

4. Schrauben an Zylinderfußplatten und am Gehäuse, namentlich die Motorbefestigungen auf den Fundamentrahmen, sind sorgfältig darauf zu prüfen, ob sie noch gesichert und versplintet sind; ebenso die Propellerschrauben.

5. Neue Zündkerzen probiere man gut aus und sehe nach, ob die Isolation Haltbarkeit verspricht. Alte abgenutzte Zündkerzen nähere man in den Elektroden an oder ersetze sie, falls sie zu sehr abgebrannt sind. Die überkomprimierten Motoren haben Spezialzündkerzen mit stärkeren Elektroden. Der Verteiler ist gründlich zu reinigen. Die Kontakte müssen blank, die Kohlen in Ordnung sein. Der Unterbrecher ist zu prüfen auf seine Beweglichkeit und den Abstand der Platinkontakte, welcher 0,4 mm betragen muß.

6. Man kontrolliere Handpumpe und Druckreduzierventil der Luftpumpe. Benzinpumpen sind auf ihre Funktion und Dichtheit zu prüfen. Ist eine Luftpumpe mit direktem Antrieb vom Motor aus vorhanden, so ist zu prüfen, ob sie genügend Druck liefert. Dann vergewissere man sich, ob der Benzinbehälter den Druck hält. Wenn nicht, so ist durch Bestreichen von sämt-

lichen Armaturen mit Seifenwasser oder Petroleum festzustellen, wo Blasen auftreten, d. h. wo Undichtheiten vorhanden sind. Man achte dabei auch besonders auf die Niet- und Lötstellen. Schafft die Pumpe ungenügend und hat man sich vergewissert, daß alle Leitungen und Behälter selbst dicht sind, so untersuche man, ob der Kolben genügend Kompression erzeugt. Vielleicht hat die Pumpe zuviel schädlichen Raum. Man versuche diesen durch Unterlegen oder Auflöten auf den Kolbenboden zu verkleinern, achte aber darauf, daß der Kolben beim unteren Totpunkt nicht auf den Zylindergrund aufschlägt. 0,5 mm Sicherheitsspiel im Hub soll vorhanden sein.

7. Alles gut ölen; Ventilführungen, Rollen, Stößel, Magnete weniger ölen!

Man vergesse nicht, die Schmierbüchse an der Wasserpumpe mit Fett zu füllen und sehe nach, ob die Packung der Pumpenachse dicht hält. Auch der Anlaßmagnet muß gelegentlich einen Tropfen Öl bekommen.

8. Die Kühler sind auf haltbare Befestigung und auf Dichtheit zu untersuchen.

9. Die Maschinengewehrkuppelung muß vor jedem Fluge reichlich mit gutem Öl geschmiert werden. Man überzeuge sich, daß das Ein- und Auskuppeln ohne jede Störung vor sich geht.

10. Einige Ersatzteile, Zündkerzen, Ventilfedern usw. sowie vor allem Werkzeuge für Motor und Apparat sind mitzunehmen. Vergiß nicht Schnur, Bindedraht und Isolierband! Pneumatikpumpe, Reserveschlauch und Flickzeug darf nie fehlen.

11. Die Reifen sind nötigenfalls aufzupumpen. Bei ihrem Auf- und Abmontieren gehe man besonders sorgfältig zu Werke. Ferner ist am Flugzeug nachzusehen, ob die Spannschlösser gesichert und die Verspannung und Sicherung der Tragflächen sowie die Steuerungen in Ordnung sind. Steuerungen und Verwindungen sollen leicht beweglich sein und keinen toten Gang haben. Endlich ist noch die Abfederung des Fahrgestells und die der Schwanzkurve zu prüfen.

12. **Vor dem Drehen am Propeller muß stets die Zündung ausgeschaltet** und der Vergaser sicherheitshalber ganz geöffnet werden. Dies ist unbedingt erforderlich, um Unglück zu vermeiden. **Nur auf den Ruf „Zündung aus!" darf am Propeller gedreht werden!**

Bei den überkomprimierten Motoren, die noch durch rote Markierung an den Zylindern kenntlich gemacht sind, gebe man beim Ausprobieren am Stand nie Vollgas über den entsprechenden Anschlag.

3. Charakteristische Geräusche bei Motorstörungen.

Durch falsche Betätigung der Vergaser oder Vorzündungshebel wird leicht unregelmäßiger Gang hervorgerufen.

1. a) Zu rasches Öffnen des Vergasers, namentlich bei noch zu kaltem Motor, erzeugt Rückschläge (Knallen) im Vergaser. Die Vergaserdrosselklappe darf in diesem Falle nicht ganz geöffnet bleiben, da Stoßen im Vergaser und sehr leicht Vergaserbrand eintritt. Das Zurückschlagen der Explosionen hat gewöhnlich seinen Grund darin, daß das Gemisch zu arm an Benzin ist. Ein solches verbrennt nämlich langsamer, und infolgedessen ist noch brennendes Gas von der vorhergehenden Auspuffperiode im Zylinder vorhanden, wenn sich bereits das Ansaugventil öffnet. An dem brennenden Gas entzündet sich das Gemisch in den Ansaugrohren und im Vergaser. Sinkt der Motor bei ganz geöffnetem Vergaser in der Leistung, so ist er zu kalt, die Vorwärmung muß dann eventuell vergrößert werden. Bei Vergaserbrand ist zunächst der Hauptbenzinhahn zur Vergaserleitung zu schließen. Gleichzeitig versuche man durch plötzliches Aufreißen der Drossel den Brand zu ersticken. Genügt das aber nicht, dann muß der Druck vom Behälter abgelassen und der Brand durch Lappen oder Decken erstickt werden.

b) Zu rasches Öffnen der Vorzündung erzeugt pfeifendes Klopfen im Zylinder. In diesem Fall muß der Hebel so weit zurückgenommen werden bis das Klopfen aufhört. Eventuell muß dem Magnetantrieb ein Zahn mehr Nachzündung gegeben werden, gleicherweise wenn der Motor im Fluge bei ganz geöffneter Vorzündung stets in der Umdrehungszahl sinkt.

2. Hört man dagegen Knallen im Vergaser auch bei nur halb geöffneter Drossel, so ist entweder die Saugleitung undicht oder Benzinmangel. Durch Bestreichen der Saugleitung mit Seifenwasser findet man poröse Stellen oder die undichten Flanschen. Zum Notbehelf kann man die porösen Stellen mit Isolierband umwickeln. Die abblasenden Dichtungen sind natürlich

durch neue zu ersetzen. Bei Benzinmangel ist die Ursache: Kein Druck, Düse verstopft, Zutrittskanal vom Schwimmergehäuse zur Düse verengt, zu enge Rohrleitung zum Schwimmergehäuse, Schwerbenzin, Nadelventil eckt sich oder hat zu wenig Hub. Endlich ist beim Knallen im Vergaser das Ansaugventil festgefressen, oder das Ventil schließt nicht, weil kein Spiel im Gestänge ist. Auch kann die Ventilfeder entzwei sein. — Hat sich das Ventil geklemmt, so gieße man Petroleum und Öl um den Schaft und probiere von Hand, ob alle Ventile gut zurückschlagen und aufsitzen.

Bei mangelhaftem Schluß des Ansaugventiles wird fortgesetzt während des Explosionstaktes die Flamme durch das nichtschließende Ventil hindurch zum Ansaugrohr gepreßt.

3. Stoßender Gang: Dichtigkeit der Auslaßventile ist durch Langsamdrehen zu prüfen. Jeder Zylinder muß gleich starke Kompression haben. Man probiere daher auch hier von Hand, ob alle Auslaßventile gut zurückschlagen. **Namentlich im Winter muß man oftmals Petroleum (vermischt mit Öl) um den Schaft gießen und das Ventil auf und ab bewegen.**

4. Bei Aussetzen eines Zylinders reinige man die Kerze und den Magnet und sehe das Kabel nach, ob nirgends Kurzschluß sich bildet. Der Zylinder, dessen Kerze nicht ging, ist kälter als die anderen.

5. Treten ruckweise Schwankungen im Umdrehungszähler auf, so ist es nicht immer auf ein Versagen des Motors zurückzuführen. Man beobachte, ob sich keine Störungen in der biegsamen Welle bemerkbar machen und kontrolliere außerdem die Zündung. Die Schwankungen können durch die Transmission des Zählers verursacht werden. Die biegsame Welle klemmt sich im Führungskabel, besonders wenn dasselbe in zu engen Bogen geführt wird. Bögen unter 200 mm Radius sind deshalb unbedingt zu vermeiden. Es kann auch die Welle selbst oder der Anschluß nicht in Ordnung sein.

Im allgemeinen soll der Motor auf dem Stand etwa 10% weniger Umdrehungen machen als im Fluge, was ja wie auch das Aufholen von der Beschaffenheit des Flugzeuges und der Luft abhängig ist. Im Horizontalflug soll man prinzipiell mit um etwa 100 Umdrehungen gedrosseltem Motor fliegen; man schont ihn dabei ganz bedeutend und hat überdies eine Kraftreserve bei etwaigen Lufthindernissen.

6. Pfeifendes, knirschendes Geräusch in den Zylindern: Der Kolbenbolzen hat angefressen, oder bei Klopfen im Gehäuse ist das Pleuelstangenlager ausgeschmolzen. In beiden Fällen ist Demontage nötig.

7. Klopfen im Zylinder: Der Kolben ist zu klein, oder der Kolbenbolzen hat Spiel in der Büchse der Pleuelstange. Diese beiden Übel kann man bei Gelegenheit ausmerzen.

8. Trockenes Grunzen nach Abstellen und sofortigem Langsamdrehen des Motors. Der Motor schwingt dann nicht aus, weil die Weißmetallager zu hart sind und so Riefen auf der Kurbelwelle sich gebildet haben. Es ist unbedingt nachzusehen. Ebenso bei Knirschen im Druckkugellager, welches Kugelbruch bedeutet.

9. Sinkt der Öldruck konstant am Manometer, so ist kein Öl im Gehäuse oder Ölverlust. Sinkt der Druck plötzlich, so liegt Leitungsbruch oder Pumpendefekt vor. Demontage nötig.

10. Springende Bewegungen eines Zylinders: Pleuelstangenlager oder Kolbenbolzen hat Spiel. Baldige Demontage nötig.

11. Strömt plötzlich viel weißer Ölqualm mit Aussetzern aus den Entlüftern, so ist der Kolbenboden gebrochen. Demontage nötig.

12. Will man sich über die Verbrennung in den einzelnen Zylindern Gewißheit verschaffen, so lasse man den Motor im Dunkeln ohne Auspuffrohr laufen. Man kann dann die Flammen der einzelnen Zylinder deutlich voneinander unterscheiden und Schlüsse daraus ziehen: Zylinder mit langen roten zerfetzten Flammen trotz voller Vorzündung haben schlechte Kompression. Es sind also Kolbenringe und Ventile nachzusehen. Zeigen alle Zylinder derartige Flammenbildung, so hat der Motor zuviel Benzin, während grünlich magere Flammen Benzinmangel verraten.

Der Auspuff soll möglichst rauchlos sein. Treten weiße Abdämpfe aus, so ist das ein sicheres Zeichen, daß Öl über den Kolben kommt und die Ladung verschlechtert.

4. Nach dem Fluge.

Bei der Landung darf der Motor nicht sofort abgestellt werden. Er soll vielmehr noch einige Minuten mit geschlossener Drossel leerlaufen. Nur wenn beim Rollen Gefahr droht, nehme man die

Zündung weg. Dann vergesse man nicht, zur Entlastung der Instrumente und der Anlage den Druck aus den Behältern des stillstehenden Motors abzulassen. Wenn nach Ausschalten der Zündung der Motor still steht, beobachte man, ob der Propeller ausschwingt und überlege sich, ob die Maschine einwandfrei gearbeitet hat. Wenn nicht, so untersuche man nötigenfalls unter fachmännischer Beihilfe die Ursachen.

Nur bei Frostwetter ist das Wasser aus der Maschine abzulassen, ebenso, wenn keine temperierten Hallen zur Verfügung stehen, das Öl. Nach jedem Fluge jedoch muß bei Motoren ohne Niveaupumpe das etwa zuviel gelieferte Öl, welches über dem Ölkontrollhahn steht, abgelassen werden. Der Propeller ist von Öl zu reinigen und nötigenfalls mit Firnis abzureiben. Bei Aufsetzen eines neuen Propellers achte man darauf, daß das Maschinengewehr genau abzieht, und zwar 1—2 Handbreit hinter dem Propellerblatt.

II. Teil.

Luftgekühlte Flugmotoren.

A. Allgemeines über den Umlaufmotor.

Der Umlaufmotor, und zwar der deutsche Gnom, ist, entsprechend seiner überragenden Bedeutung gegenüber den luftgekühlten stationären Typen, im wesentlichen Gegenstand der folgenden Darstellung. Diese vermeidet jedoch deshalb nicht

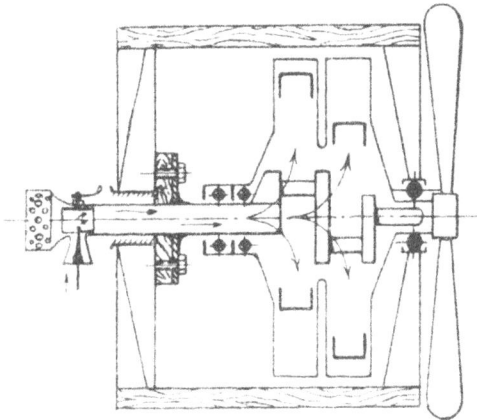

Abb. 159.

die Besprechung des luftgekühlten Standmotors, wo diese sachlich fördernd und geboten erscheint (Abb. 159 u. 160).

Der Umlaufmotor wurde zuerst in Frankreich praktisch erprobt (Brüder Séguin) und für leichte Eindecker verwendet. Die Patente wurden von der Motorenfabrik Oberursel erworben, und es werden dort 4 Typen gebaut.

7 Zyl. 80 PS	9 Zyl. 100 PS
14 Zyl. 160 PS	18 Zyl. 200 PS.

Die beiden 160 PS und 200 PS sind zwei nebeneinander gekuppelte 80- bzw. 100 PS, also Doppelsternmotoren. Heute baut

diese Firma einen neuen luftgekühlten Umlaufmotor mit gesteuerten Ein- und Auslaßventilen.

Im Gegensatz zum deutschen wassergekühlten Standmotor
steht beim Umlaufmotor die Kurbelwelle fest, und die Zylinder
samt Gehäuse und innerem Triebwerk rotieren. Durch den dabei
entstehenden Luftstrom wird eine genügende Kühlung der Zylinder erreicht. Gegenüber dem wassergekühlten Standmotor
spart man daher den Kühlmantel der Zylinder, das Wasser und die
gesamte Kühlanlage. Darin liegt der Hauptvorteil des luftgekühlten Umlaufmotors. Einer besseren Kühlung dienen bei allen
luftgekühlten Motoren die Kühlrippen an den Zylinderlaufrohren.

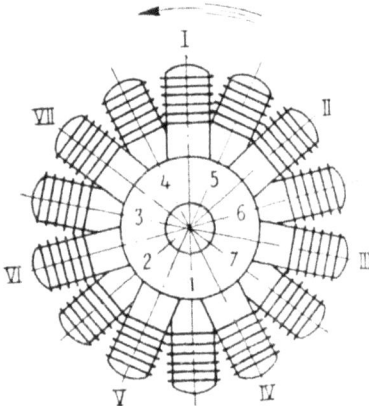

Abb. 160.

Sie werden den Zylindern an-
gesetzt, verstärken diese und
verjüngen sich nach dem Rande
zu. Ebenso werden sie von oben
nach unten kleiner, da der
Druck und die Hitze der Gase
mit abwärts gehendem Kolben
abnimmt.

Während die luftgekühlten
Standmotoren gesteuertes Ein-
laß- wie Auslaßventil besitzen,
wird beim Gnom-Motor nur das
Auslaßventil gesteuert. Das Einlaßventil, welches sich im Kolbenboden befindet, arbeitet selbst-
tätig. Der Vergaser ist am Ende der hohlen Kurbelwelle angeordnet. Das angesaugte Gas geht durch sie hindurch und kühlt
so noch erwünschterweise das innere Triebwerk.

Weil das Einlaßventil selbsttätig arbeitet, öffnet es sich erst
bei etwa 1000 Umdrehungen vollständig, weshalb der Gnom-
Motor sich fast nicht drosseln läßt.

Bei den 80 und 100 PS, also Einsternmotoren, steht die Kurbelkröpfung senkrecht nach oben. Der Kolben erreicht also seinen
oberen Wendepunkt dann, wenn der Zylinder senkrecht nach oben
zeigt. Bei weiterer Linksdrehung des Motors geht der Kolben
einwärts und erreicht seine untere Totlage, wenn sein Zylinder
senkrecht nach unten zeigt.

Die Doppelsternmotoren haben um 180° versetzten Kurbel-zapfen, und zwar steht die Kröpfung des vorderen Sternes wage-recht nach rechts und die des hinteren wagerecht nach links. Dem-nach erreichen die Kolben ihre Totlage in wagerechter Stellung ihrer Zylinder. Ebenso wie die Standmotoren arbeitet auch der Gnom-Motor nach dem bestbewährten Viertaktverfahren, nämlich (Abb. 161 u. 162):

1. Ansaugen (Ventil im Kolbenboden öffnet).
2. Verdichten (beide Ventile sind geschlossen).
3. Verbrennung (beide Ventile sind geschlossen). Arbeitstakt.
4. Auspuff: das Auslaßventil wird geöffnet, die verbrannten Gase werden ausgestoßen.

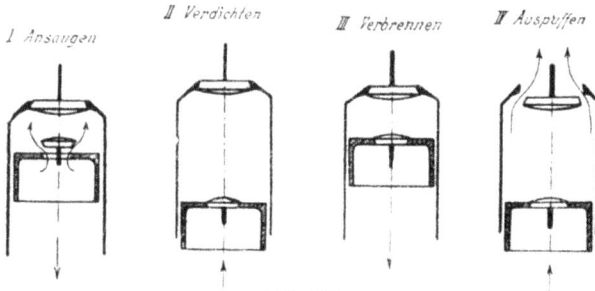

Abb. 161.

Die Arbeitsweise des Gnom-Motors.

Das Ansaugen (Abb. 162) beginnt 15° nach dem äußeren Totpunkt und dauert bis zur inneren Totlage. Es beginnt der 2. Takt, der bis zum äußeren Totpunkt dauert.

Bereits 26° vor dieser äußeren Totlage erfolgt die Zündung, damit die Gase vollständig verbrannt sind, wenn der Kolben seinen äußeren Totpunkt erreicht hat. Der Arbeitstakt reicht von der äußeren Totlage bis 57° vor der inneren. Hier öffnet das Auslaß-ventil und die verbrannten Gase treten ins Freie, wo sie an Span-nung verlieren und den Kolben beim Hochgange nicht bremsen. Das Auspuffen dauert bis zur äußeren Totlage. Das Auslaßventil bleibt aber noch 15° über den äußern Wendepunkt geöffnet. Wäh-rend dieser Zeit geht der Kolben bereits abwärts und saugt durch das offene Auslaßventil Luft ein, wodurch das Zylinderinnere gut ausgespült wird.

Bemerkenswerte Sternstellungen.

Zu Stellung I.

Schließt an einem Zylinder das Auslaßventil, so befindet er sich 15⁰ nach der äußeren Totlage. Hierbei zeigt ein anderer Zylinder wagerecht nach rechts (Abb. 163).

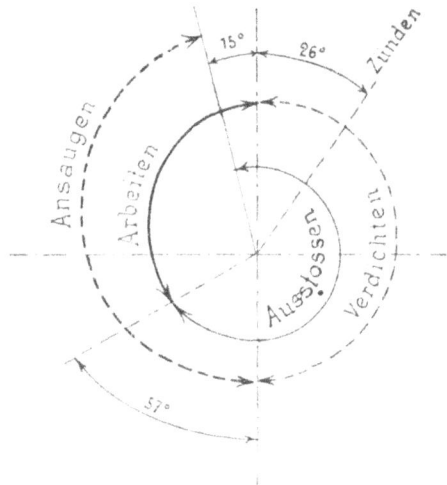

Abb. 162.

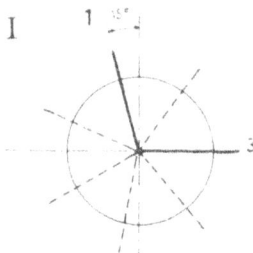

I

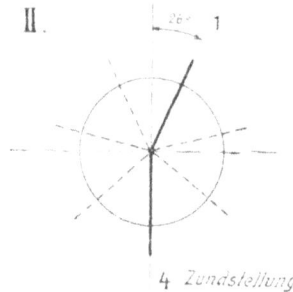

II.

Abb. 163.   Abb. 164.

Zu Stellung II.

Steht ein Zylinder in Zündstellung, so befindet er sich 26⁰ vor dem äußeren Wendepunkt. Hierbei zeigt ein anderer Zylinder senkrecht nach unten (Abb. 164).

Zu Stellung III.

Das Auslaßventil eines Zylinders öffnet sich 57⁰ vor der inneren Totlage, ein anderer Zylinder zeigt wagerecht nach rechts. Diese Stellungen gelten für den 80 PS- und um 90⁰ gedreht für den 160 PS-Motor (Abbildung 165).

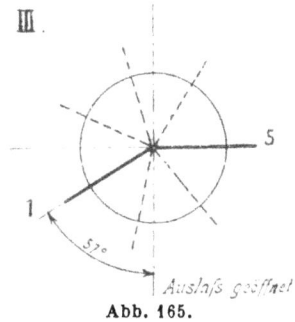

Abb. 165.

B. Einzelteile des luftgekühlten Motors.

I. Der Zylinder.

Bei Standmotoren wurden anfangs meist nur Gußzylinder verwendet. Beim Gnom dagegen besteht der Zylinder aus Gewehrlaufstahl mit quer zur Längsachse eingedrehten Kühlrippen (Abb. 166). Der Kopf des Zylinders hat Gewinde zur Aufnahme des Auspuffventils. Unterhalb

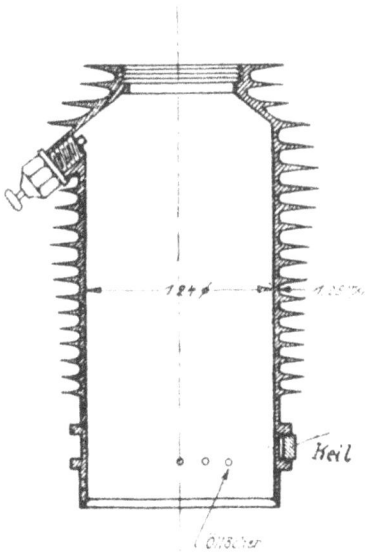

Abb. 166.

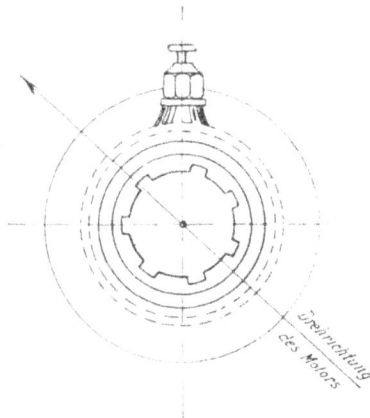

Abb. 167.

des Gewindes befinden sich (6) Führungsschlitze für den äußeren Einlaßventilschlüssel. Der Nippel, in den die Zündkerze eingeschraubt wird, ist in solcher Lage in den Zylinder eingeschweißt, daß das herumgeschleuderte Öl die Zündkerze nicht verschmutzen kann (Abb. 166 u. 167).

Beim Rhône-Motor sind zwei Ventile in dem Zylinderkopf angeordnet; dort können die Rippen nur parallel zur Zylinderlängsachse laufen. Sie stehen dann in der Richtung des Propellerluftstromes (Fahrwindes) (Abbildung 168).

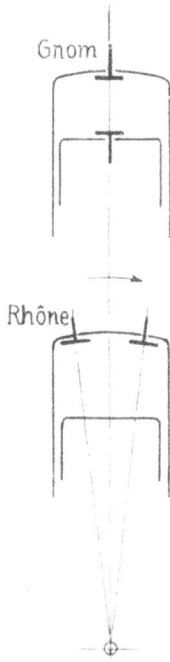

Abb. 169.

Bei Rotationsmotoren wird schon durch das Kreisen der Zylinder ein immerhin genügender Luftstrom zur Kühlung erzeugt. Dagegen bei luftgekühlten Standmotoren genügt der Fahrwind nicht zur Kühlung. Daher müssen bei diesen noch besondere Ventilatoren mit Leitungen eingebaut werden, welche den Luftstrom um die Zylinder blasen (Abbildung 169).

Trifft die Kühlrippen der Stahlzylinder ein Stoß, so wird die Zylinderlauffläche sofort verbeult; bei Gußzylindern dagegen wird

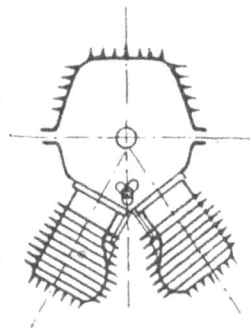

Abb. 168.

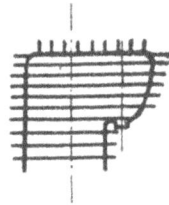

Abb. 170.

die Rippe abbrechen. Für stationäre Motoren kommen Stahl- und Graugußzylinder zur Verwendung. Bei seitlich vom Gußzylinder angebrachten Ventilkammern (Abb. 170) gehen die Kühlrippen um die Ventilkammern herum. Während nun bei Standmotoren die Zylinder fast durchweg mittels eines Flansches auf dem Kurbelgehäuse befestigt werden, sind die Befestigungen bei Rotationsmotoren verschieden. Meistens werden die Zylinder zwischen das zweiteilige Kurbelgehäuse festgeklemmt. Unangenehm ist, daß bei derartiger Konstruktion ein Zylinder nur nach Öffnung des zweiteiligen Gehäuses herausgenommen werden kann. Der Zylinder

wird beim Gnom von zwei Bunden im Gehäuse festgehalten.
(Abb. 171 u. 172.) Die Bunde müssen vorhanden sein, um ein
Kippen der Zylinder in der Rotationsebene zu verhindern. Gegen
Verdrehung ist er durch einen Keil gesichert. Das sich in den
Gehäuseecken sammelnde Öl kann durch 6 kleine Löcher, die
sich am unteren Bund befinden, nach dem Zylinder abfließen.
Zu diesem Zwecke ist der untere Bund hinterdreht und dient als
Ölführungsrinne. Der untere Rand des Zylinders ist zur leichten
Einführung der Kolben abgeschrägt. Der Zylinder hat 124 mm
Bohrung und 1,25 mm Wandstärke. Die Zylinder sämtlicher
Gnomtypen sind untereinander gleich (Abb. 166).

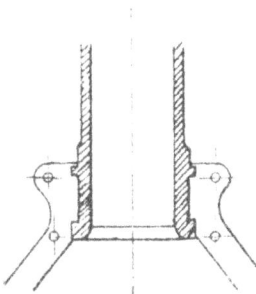

Beim Rhône-Motor sind die Zylinder
mit Gewinde eingeschraubt und durch
Gegenmuttern gesichert. Man
kann also hier jeden Zylinder
allein auswechseln, ohne das
ganze Kurbelgehäuse, wie beim
Gnom nötig, öffnen zu müssen.

Die Befestigungsschrauben,
welche die Zylinder und das
Kurbelgehäuse zusammenhal-
ten, müssen sorgfältig angezogen und versplintet werden.

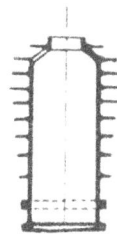

Abb. 171.

Abb. 172.

Sprengringe (federnde Unterlagscheiben) sollten da nicht verwendet
werden. Selbstverständlich darf ein Splint nicht zu dünn sein
und nie fehlen. Auch die Schrauben sind aus Qualitätsstahl hergestellt. Nasen, die am Schraubenkopf gegen Verdrehung des
Bolzens angebracht sind, dürfen nicht quer zur Schraubenachse,
wodurch der tragende Schaftquerschnitt sehr geschwächt würde,
sondern müssen parallel zur Achse eingesetzt sein. Die Nase
wird in den Schraubenkopf eingetrieben (Abb. 173).

Bei den rotierenden Zylindern wird nun zwar eine genügende
Kühlung erreicht, aber der hiebei wegen des Luftwiderstandes
auftretende Verlust beträgt 10% der motorischen Leistung. Der
Luftwiderstand wächst bei zunehmender Drehzahl etwa in der
2. Potenz. Deshalb und aus Sicherheitsgründen soll ein Rotationsmotor nicht zu hohe Umlaufzahl haben.

Während bei Standmotoren aus den hin und her gehenden
Massen sich Erschütterungen nach außen hin bemerkbar machen,

werden beim Rotationsmotor diese Massenkräfte durch das Triebwerk aufgenommen. Daher sind hier keinerlei nachteilige Massenkräfte nach außen bemerkbar, da sie selbstverständlich alle nur an

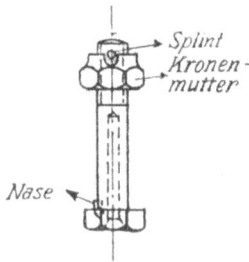

Abb. 173.

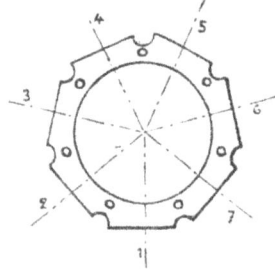

Abb. 174.

dem gemeinsamen festen Kurbelzapfen angreifen. Die rotierenden
Zylinder sind gleichsam ein Schwungrad, wodurch sich auch der
vollständig erschütterungsfreie Lauf wie hohe Gleichförmigkeitsgrad
des Gnom erklärt.

2. Das Gehäuse.

Das Kurbelgehäuse der luftgekühlten Standmotoren unterscheidet sich unwesentlich von dem der wassergekühlten (Abb. 174).
Erwünscht ist eine bessere
Kühlung des Öles. Daher wird
bei Motoren in V - Form und

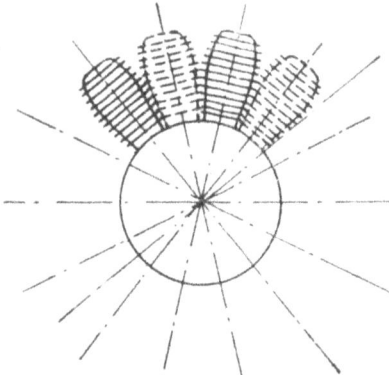

Abb. 176.

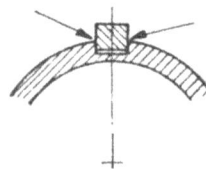

Abb. 175.

anderen stationären Typen,
welche mehrere Zylinder in
einer Querebene zum Kurbelgehäuse anordnen, für eine
ausgiebige Ölkühlung Vorsorge getroffen.

Bei Rotationsmotoren hat das Kurbelgehäuse nur die Aufgabe, das Kurbeltriebwerk und die Steuerungsorgane zu um-

kleiden und besonders die radial angeordneten Zylinder zentral zu vereinigen. Ein Gehäuse aus Aluminium würde hier wegen der Zentrifugalkraft der rotierenden Zylinder nicht standhalten. Das Kurbelgehäuse der Rotationsmotoren wird deshalb aus Stahl aus einem Block herausgedreht oder aus Stahlguß angefertigt. Nur bei diesem Material ist die nötige Sicherheit gegen Zerreißen ohne zu große Gewichtsanhäufung möglich. Um die schwierige Bearbeitung zu umgehen, wird es meistens als Drehkörper ausgebildet.

Werden zwei Zylindersysteme auf ein Gehäuse gesetzt, so werden die Zylinder der zweiten Reihe hinter denen der ersten angeordnet (Abb. 175).

Das Gehäuse der Gnom-Motoren ist aus Stahlguß, zweiteilig und innen überall bearbeitet. Beim Rhône-Motor ist es aus einem Stück aus dem vollen Stahlblock gearbeitet. Sind zur Befestigung der Zylinder Keile vorgesehen (Gnom), so sollen dieselben gut in die Nuten passen. Ein Keil soll nie auf dem Rücken tragen, jedoch um so sorgfältiger an den Seitenflächen (Abb. 176). Die Zylinder sind in der Richtung des Uhrzeigers (beim Gnom) laufend numeriert, und die einzelnen Nummern befinden sich gleichfalls an den Keilen und Nuten, wie auch am Motorgehäuse.

3. Die Kraftübertragung.

a) Der Kolben.

Die Kolben der Rotationsmotoren können ebenso wie die der luftgekühlten stationären Motoren aus Grauguß hergestellt sein. Guß läuft auf Stahl sehr gut. Die Abdichtung der Kolben ist bei Rotationsmotoren wegen der einseitigen Luftkühlung und des Verziehens der Zylinder besonders schwierig (Abb. 177). Der Kolben muß auch auffallend leicht sein, weshalb die Wandungen sehr dünn sind, um beim Verziehen der Zylinder unbeschädigt zusammengedrückt werden zu können; deshalb erhält der Kolben auch keinen Wulst an seinem unteren Ende.

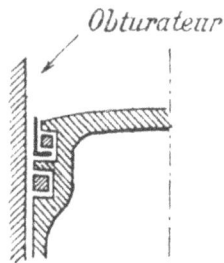

Obturateur

Abb. 177.

Der aus Grauguß bestehende Kolben des Gnom ist ein vollständig glatter Drehkörper ohne Augen zur Aufnahme einer Pleuelstange (Abb. 178). Im Kolbenboden ist

eine große Öffnung angebracht zur Aufnahme der Kolbenbolzen-
gabel und des in sie eingeschraubten Ansaugventils. Gegen Verdrehung ist der Kolbenbolzen durch eine Nase in der Kolben-
bolzengabel gesichert. Zur besseren Abdichtung wird ein Rotkupfer-
ring dazwischengepreßt.

Die Lauffläche des Kolbens besitzt 5 Ölnuten zur Schmierung,
ferner 2 Reihen von je 6 großen Öllöchern, durch die das in den
Zylindern herumspritzende Öl zur Zylinderlaufbahn durchtreten
und dort schmieren kann. Dicht unter dem Kolbenboden ist
eine Reihe kleiner Löcher, um zu verhin-
dern, daß sich das Öl auf dem Kolbenboden sammelt und verkrustet. Der untere
Rand hat eine große Aussparung, damit
die Kolben in der Nähe der inneren Totlage aneinander vorbeigehen (Abb. 179).

Es ist nur eine Nute für die Aufnahme
eines einzigen Kolbenringes vorgesehen. Da
die sonst üblichen
Kolbenringe nicht
zur Abdichtung ge-
nügen, wurde früher
bei Gnom ein Ring
aus Bronze, neuer-
dings aus Neusilber,
verwandt. Der be-
treffende Kolben-
ring, Dichtungskra-
gen (Obturateur,
Abb. 178) genannt,
wird durch einen federnden Stahlring von rechteckigem Querschnitt
in der Kolbennute gehalten und gegen die Zylinderwand gedrückt.
Bei der Kompression und Explosion dichtet dieser Ring, wie die
Manschette einer Luftpumpe, den Kolben ab, auch wenn der Zylinder etwas verzogen ist. Ist der Kragen durch Öl verschmutzt
und angebacken, so wird der betreffende Zylinder keine Kompression
haben.

Die Kolbenringe müssen bei Rotationsmotoren oft ausgewechselt
werden. Dabei achte man darauf, daß sie sich frei und leicht in
den Nuten bewegen.

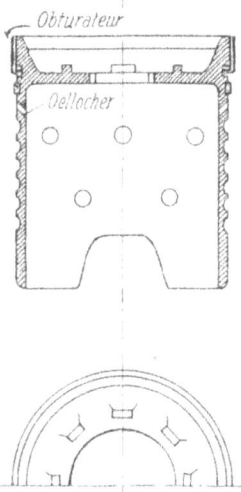

Abb. 178.

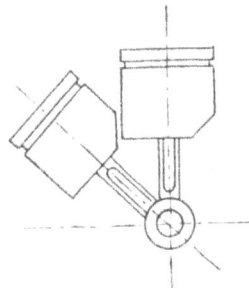

Abb. 179.

Unmittelbar unterhalb des Dichtungsringes sind im allgemeinen ringsum kleine Löcher, die das in die Kolben geschleuderte Öl an die Zylinderwände verteilen, welche auf diese Weise gut geschmiert und gekühlt werden.

Die Kompression kann wegen der ungünstigen Dichtung der Kolben nicht so hoch getrieben werden, wie bei stationären Motoren, infolgedessen ist auch die Verbrennungstemperatur bei Rotationsmotoren nicht so hoch.

Der Kolbenbolzen wird beim Gnom-Motor durch ein an beiden Enden umgebörteltes Kupferrohr und Zwischenschaltung von zwei Scheiben gegen achsiale Verschiebung gesichert (Abb. 180).

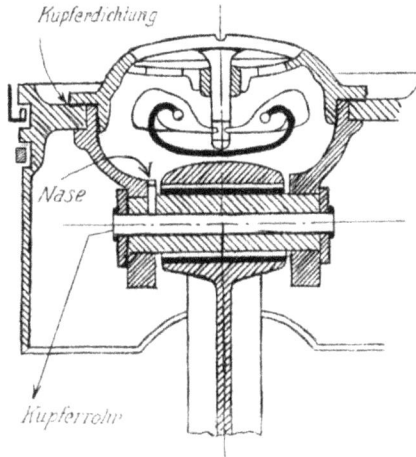

Abb. 180.

Behandlung des Kolbens.

Der Kolben ist sauber zu halten, besonders die beiden Nuten und die kleinen Öllöcher. Aus den Nuten ist die Ölkruste wegzuschaben, damit sich die Ringe leicht drehen können. Der Dichtungskragen darf indessen nicht klappen; er würde dann abreißen. Wenn beim Einhängen die Verbindungsstöße der Ringe gerade übereinander stehen, lassen sie Gas durch.

Der Dichtungskragen darf beim Ein- und Ausnehmen nur auseinander gezogen, nicht verdreht werden, damit seine untere Fläche nicht uneben wird und abreißt. Ein gut abdichtender Kragen muß wenigstens am oberen Rande blank sein.

Ringe mit schwarzen Stellen müssen ausgewechselt werden.
Der Beilagering darf keine Spannung nach außen haben, sondern
muß sich fest um den Kolben legen, da er sonst die Manschette
zum Abreißen bringt. Der Kolbenring hingegen muß Spannung
nach außen haben, um gut abzudichten. Der Kolben muß vor
dem Einführen in den Zylinder, ebenso wie die Zylinderlauffläche,
eingeölt werden. Er wird dann, ohne daß man ihn dreht, in den
Zylinder hineingeschoben, wobei die Aussparung nach rechts steht.

Zeigen sich am unteren Rande des Kolbens riefige Stellen, so
sind diese mit Ölstein wegzuschleifen. Ein Kolben mit tief einge-
fressenen Riefen ist auszuwechseln.

b) Die Pleuelstange.

Die Pleuelstange (Abb. 181) der Rotationsmotoren ist am
Kolbenbolzenauge wie bei den Standmotoren üblich ausgebildet,
dagegen ist der Pleuelstangenkopf eigenartig. Es müssen 7 oder
gar 9 Pleuelstangen an ein und dem-
selben Kurbelzapfen angreifen. Deshalb sind die Pleuelstangen an eine
Hauptpleuelstange mit breitem Kopf
gelenkartig angegliedert. Damit die
Augen der Nebenpleuelstangen in
allen Stellungen aneinander vorbeigehen, sind sie angeschnitten. Ihre
Bolzen sind durch Nasen gegen Verdrehung gesichert. Die Hauptpleuelstange muß einen verhältnismäßig

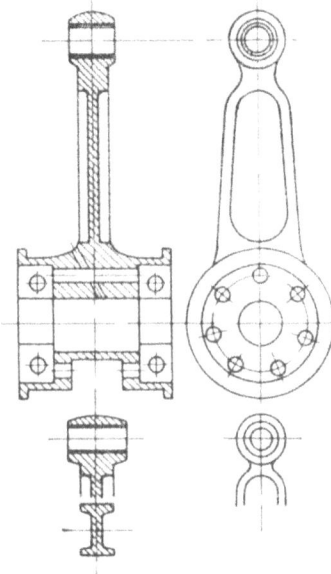

Abb. 181.

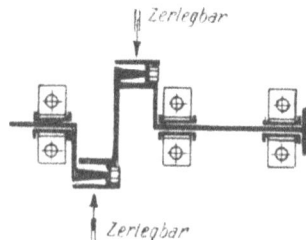

Abb. 182.

kräftigen Schaft besitzen, um die durch die Angliederung der
Nebenpleuelstangen eingeleiteten Biegungsmomente aufnehmen zu
können. Die Nebenpleuelstangen sind bedeutend leichter.

c) Die Kurbelwelle.

Da bei Rotationsmotoren die Wärmeentwicklung für die zur Verfügung stehende Breite zu groß wäre, können keine Gleitlager, sondern nur Kugellager zur Lagerung der Kurbelwelle verwendet werden. Die Kugellager werden ins Gehäuse eingesetzt. Die Kurbelwelle muß so stark sein, daß sie alle Biegungsmomente aufnehmen kann. Die feststehende Kurbelwelle der Rotationsmotoren ist an ihrem äußeren Ende mit dem Fundament der Maschine vereinigt.

Bei einem Doppelmotor, also Zweizylindersystem in zwei nebeneinander liegenden Ebenen, ist die Kurbelwelle um 180⁰ versetzt. Würden alle Zylinder auf einem Zapfen arbeiten, so wären die Biegungsmomente zu hoch, da sich die Explosionsdrücke der jeweils obenstehenden Zylinder addieren. Damit die Pleuelstangenköpfe angebracht werden können, wird eine solche Kurbelwelle zweiteilig und auseinandernehmbar ausgeführt (Abb. 182).

Da bei Rotationsmotoren alle Teile auf der Kurbelwellle rotieren, müssen in dieselbe alle Ölverteilungsleitungen hineingelegt werden.

Alle zu schmierenden Teile (Steuerungsorgane und Triebwerk) besitzen getrennte Ölleitungen.

4. Ventile und Steuerung.

Für die Ventile der luftgekühlten Motoren ist die Auswahl des Materials wegen der ungünstigen Kühlung besonders sorgfältig getroffen. Es wird Nickelstahl verwandt und die Herstellung ist eine recht genaue. Der Ventilschaft hat einen sehr sanften Übergang zum massig gehaltenen Teller (Abb. 183).

Die Ventilsitze der Rotationsmotoren sind fast durchweg konisch. Wegen der beschränkten Bauhöhe werden meistens Blattfedern oder gebogene Spiralfedern verwandt. Sie werden zwecks Vermeidung des Ausglühens etwas vom Zylinder entfernt aufgehängt, wo sie auch einem kräftigen Luftstrom zur Kühlung ausgesetzt sind. Trotz der verhältnismäßig geringen Erhitzung der außerhalb der Zylinder liegenden Federn tritt aber noch hin und wieder Federbruch ein; zur Verminderung der

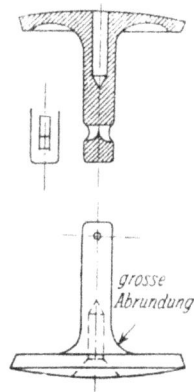

grosse
Abrundung

Abb. 183.

Zentrifugalkraft muß eben bei Rotationsmotoren alles so leicht
wie möglich gehalten werden. Die große Hitze der Auspuffgase
greift das Auslaßventil sehr an; es muß daher öfters nachgeschliffen werden.

Die Arbeitsweise des Einlaßventils.

Das Einlaßventil des Gnom arbeitet selbsttätig in folgender Weise:
Der Kegel des Ventils hat infolge der Zentrifugalkraft das Bestreben nach außen zu fliehen. Dieses wird durch Gegengewichte
verhindert, die ihrerseits auch nach außen streben und dabei mit
ihren Nasen den Ventilkegel auf dem Sitze festhalten. Die Wirkung
der Gegengewichte wird durch Federn verstärkt. Das Ventil
bleibt also im Gleichgewicht (geschlossen).

Während des ersten Taktes nun entsteht im Zylinder ein luftverdünnter
Raum. In diesen suchen die Gase, die
sich im Motorinnern befinden, einzuströ-
men und öffnen dabei das Ventil ein
wenig. Beim Öffnen drehen sich die Gegengewichte und ihr Hebelarm wird kürzer.
Infolgedessen wird die Fliehkraft des
Ventilkegels größer, die der Gegengewichte kleiner: das Einlaßventil öffnet
sich vollständig. Die Schließung des Ventils erfolgt durch den Hubwechsel an der
inneren Totlage (Abb. 184).

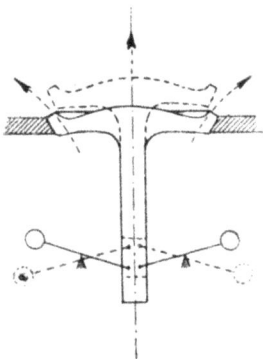

Abb. 184.

Sind, wie z. B. beim Rhône-Motor,
Ansaug- und Auslaßventil im Zylinderboden angebracht, so werden
sie, um Verkantung durch die Zentrifugalkraft zu verhindern,
radial zum Drehzentrum geführt.

Bei den Umlaufmotoren neueren Modells wird endlich angestrebt, das Ventil im Kolbenboden wegzulassen. Das frische Gas
wurde auch schon vermittelst einer Pumpe durch Schlitze, die der
Kolben beim Abwärtsgange am unteren Teile des Zylinders frei-
legt, zugeführt. Selbsttätige Ventile sind überdies nur bei verhältnismäßig langsam laufenden Umlaufmotoren brauchbar. Bei höherer
Geschwindigkeit wird das Gemisch immer ärmer und schlechter,
so daß die schnellaufenden modernen Umlaufmotoren gesteuerte
Einlaßventile erhalten.

Die Steuerung des Auslaßventils.

Das Auslaßventil darf in jedem Zylinder während zweier Umdrehungen des Motors nur einmal geöffnet werden. Demnach muß die Nockenbüchse, die es steuert, mit der halben Drehzahl des Motors umlaufen. Zu diesem Zwecke ist auf die Steuerungskurbel das Steuerungsantriebsrad aufgekeilt, das ebenso wie die Welle stillsteht. Mit diesem stehen große Planetenräder im Eingriff, die im Propellerzapfen befestigt sind und sich mit der vollen Drehzahl des Motors auf dem Steuerungsantriebsrad abwickeln. Mit den großen Planetenrädern stehen kleine, die ebenfalls volle Drehzahl haben (1200), fest in Verbindung. Sie sind halb so groß wie das Zahnrad auf der Nockenbüchse. Daher werden sie dieses mit ihrer halben Drehzahl bewegen, d. h. die Nockenbüchse macht die erforderlichen 600 Umdrehungen gegen 1200 der Zylinder.

Steuerung des Einlaßventils.

Beim Rhone-Motor und den neueren luftgekühlten Umlaufmotoren tritt das Gas nicht wie beim Gnom direkt durch das Kurbelgehäuseinnere in die Zylinder ein, sondern es wird aus demselben durch Rohre von außen den gesteuerten Saugventilen der Zylinderköpfe zugeführt. Die Ansaugrohre sind oft aus Aluminium und kräftig gehalten. Die Steuerung der beiden am Zylinderkopf befindlichen Ventile erfolgt durch einen gemeinsamen Schwinghebel und eine Ventilstange.

Während beim Gnom-Motor noch einzelne Nocken, die sehr schmal gehalten werden müssen, die Ventile betätigen, wird beim Rhone-Motor eine Kurvenscheibe verwendet.

Sie besitzt den Vorteil kurzer Bauart und die Möglichkeit der Unterbringung sämtlicher Ventilstößel in einer Ebene, wodurch gleich lange Ventilstangen entstehen. Die eine Kurvenscheibe arbeitet für Auslaß, die andere für Einlaß.

Es muß vor jedem Flug besonders nachgesehen werden, ob die Stoßstangen der Ventile sich nicht verbogen haben, ebenso muß das Ventilspiel bei luftgekühlten Motoren nach jedem Fluge kontrolliert werden; **es muß z. B. bei Gnom am Auspuffventil 1 mm betragen.**

Durch langsames Drehen am Motor stelle man fest, ob jeder
Zylinder gute Kompression hat. Der Propeller muß dabei zurückfedern. Tut er es nicht, so liegt der Fehler meistens an der Ver-
schmutzung der Auspuffventile, welche infolgedessen nicht mehr
dicht schließen. Nachdem man etwas Benzin aufgegossen hat,
drehe man sie hin und her, damit sich der Sitz wieder reinigen kann.
Beim luftgekühlten Motor müssen die Ventile sehr oft eingeschliffen
werden.

5. Die Zündung.

Es sei hier auf den Abschnitt über Zündung im 1. Teil ver-
wiesen. Das dort Gesagte gilt auch hier und bedarf nur geringer
Zusätze.

Auch bei luftgekühlten Motoren ist Hochspannungszündung
allgemein üblich. Während aber die Stromverteilung bei Standmotoren durch einen bereits in
den Magnetapparat eingebauten
Verteiler erfolgt, wird dies bei
Rotationsmotoren durch einen besonderen, am Motor sitzenden
Verteiler bewirkt, der den Strom
von einem Magnetapparat ohne
Verteilerscheibe entnimmt.

Der gebräuchlichste Magnet-
induktor gibt bei der Umdrehung
zwei Funken. Den bei Umlaufmotoren feststehenden Kontakt-
arm (Schleifkohle) passieren der
Reihe nach die Kontakte 1, 2, 3,
4 usw., die zu den entsprechenden Zylindern führen. Der Ma-
gnetapparat soll aber nur Strom liefern in der Reihenfolge 1, 3, 5,
7, 2, 4, 6, muß also jedesmal einen Kontakt überschlagen. Dies
wird einfacherweise durch eine entsprechende Übersetzung des
Magnetinduktors erreicht. (Abb. 185.)

Die Verteilung des elektrischen Stromes von dem Verteiler zu
den Zylindern geschieht bei Umlaufmotoren durch blanke Drähte, da
diese bei der Rotation wegen ihrer großen Zerreißfestigkeit besser
standhalten als die durch die Isolationsmasse beschwerten Kabel. Bei

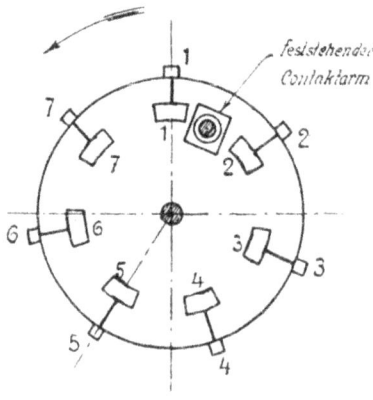

Abb. 185.

den luftgekühlten Standmotoren sind dagegen Kabel in Verwendung, und gerade hier darf die Gummiisolation nicht einer übermäßigen Erhitzung, etwa durch die Auspuffrohre, ausgesetzt sein; deshalb sind sie durch Führungen in übersichtlicher Anordnung gehalten.

Bei luftgekühlten Motoren kommen noch mehr Defekte an Zündkerzen vor als bei wassergekühlten, weshalb sie auch mit Kühlrippen versehen werden. Im Innern des Zylinders ist weiter die Kerze vor Wärmestauungen tunlichst geschützt. Auch gegen Öl-spritzer muß die Kerze besonders geschützt werden; es geschieht am besten durch eine Verengung des Zündstutzens am Zylinderkopf.

Bei den deutschen Gnom-Motoren ist aus diesem Grunde auch die Kerze etwas geneigt zur Zylinderachse eingesetzt: beim Original-Gnom zeigt sie noch schräg nach oben, oder beim unteren Zylinder nach unten, so daß ein Verschmutzen durch Öl leichter

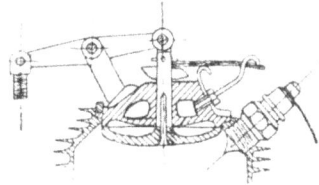

Abb. 186.

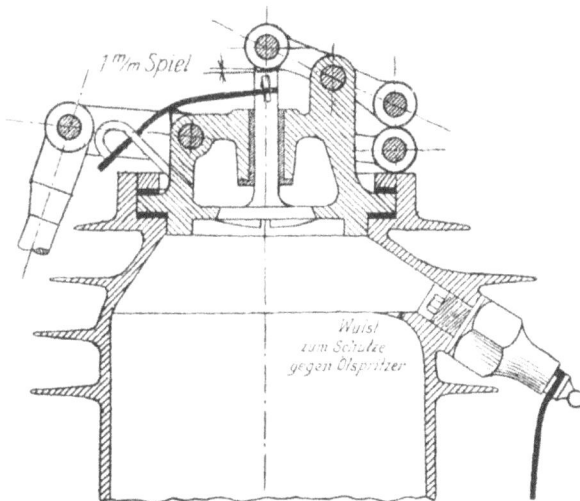

Abb. 187.

möglich ist (Abb. 186/87). Die Kerzen werden auch hier unter Zuhilfenahme von Benzin und Drahtbürste gereinigt. Die Pol-enden müssen einen Abstand von 0,4 mm haben.

Auf ein Aussetzen der Kerze oder Zündungsstörung überhaupt kann man in den meisten Fällen beim Rotationsmotor schließen, wenn nach dem Abstellen des Motors die Zylinder bei sorgfältiger Abtastung Temperaturunterschiede aufweisen. Der Zylinder, der kälter als die anderen ist, hat Zündungsstörung. Auch bei Rotationsmotoren würde man natürlich sicherer gehen, wenn man gleichzeitig zwei Zündstellen, wie bei den deutschen Standmotoren, vorsähe. Allein es hat da einige Schwierigkeiten, Zündkerzen und

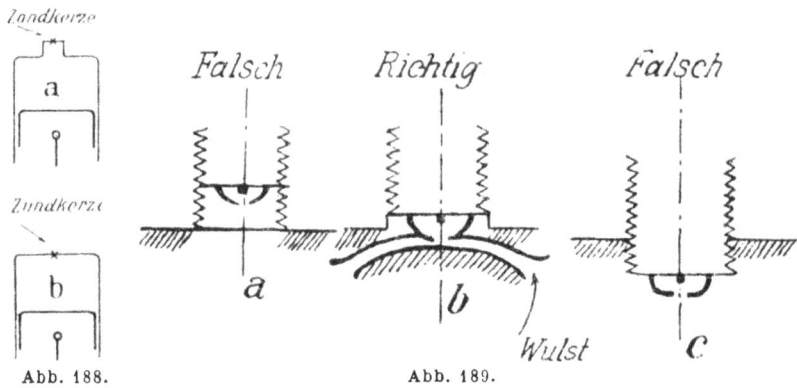

Abb. 188.   Abb. 189.

Verteiler anzubringen. Vor allem müßte aber nun die Entflammung mit geeigneter Intensität, durch besonders starke Magnetapparate, eingeleitet werden.

Der Zündstutzen oder sog. Schußkanal darf nicht zu lang sein, weshalb stets Zündkerzen mit der vorgeschriebenen Gewindelänge zu verwenden sind (Abb. 188). Versuche an ein und demselben Motor haben nämlich schon vor 10 Jahren gezeigt, daß die Leistung im Falle a) um mehrere Prozent hinter der Leistung gegenüber Anordnung b) zurückblieb. Der Grund, warum a) ungünstig ist, liegt in der ungenügenden Umspülung der Zündkerzen durch frische Gase, infolgedessen kann die Zündung nur schwach eingeleitet werden. Umgekehrt wäre es ebenso falsch, die Zündkerzen zu weit in den Verbrennungsraum hineinragen zu lassen (c). Es würde hierbei die Kühlung der äußeren Partien zum Schaden der Isolation weniger gut sein und zweitens würde im Zylinderinnern eine Verbrennung der Zündpolenden erfolgen. Die Ausführung nach b) ist also richtig, da die Funkenstrecke gerade in das Zylinderinnere hineinragt und doch noch gegen Ölspritzer durch einen kleinen Wulst geschützt werden kann. Lange Zündkerzen vermeide man tunlichst, da die Isolation stets rissig wird.

Einstellung der Zündung (Gnom).

Man dreht einen solchen Zylinder des vorderen Sterns, der nachher ausstößt, in Zündlage, also 26° vor den äußeren Totpunkt, nimmt hierauf den Magnetapparat des vorderen Sterns von der Aufhängescheibe los, dreht ihn in Abreißstellung und schiebt ihn wieder ein. Hiermit ist die Zündeinstellung des vorderen Sterns beendet.

Darauf dreht man den zündenden Zylinder des hinteren Sterns in Zündlage. Es ist dies nicht derjenige Zylinder, der dem zündenden des vorderen Sterns gegenüber steht, sondern der auf diesen folgende. Der Magnetapparat des hinteren Sterns wird nun auch abgenommen, in Abreißstellung gebracht und wieder eingeschoben. Damit ist die ganze Einstellung beendet.

6. Der Vergaser.

Bei den luftgekühlten Standmotoren bildet die Vorwärmung des Vergasers durch die heißen Auspuffgase keine besonderen Schwierigkeiten, um so mehr aber bei Rotationsmotoren. Gewöhnlich liegt der Vergaser hier am Ende der hohlen Kurbelwelle. Man kann deshalb auch auf eine Vorwärmung verzichten, da ja durch das Durchstreichen der Luft durch das erhitzte Kurbelgehäuse eine genügende Erwärmung des Gemisches erreicht wird.

Das Durchstreichen der kalten Ansaugluft durch das Motorinnere hat gleichzeitig den Vorteil, daß das Gemisch die im Triebwerk aufgespeicherte Wärme aufnimmt und damit eine wünschenswerte Kühlung herbeiführt. Durch die verschiedenen Widerstände, die Strömungswiderstände sind, wird jedoch die Leistung erniedrigt werden, da ja eigentlich ein geringerer Auffüllungsgrad im Verbrennungsraum erreicht wird.

Der Rhône-Motor läßt die Gase durch einen Raum vor dem Kurbelgehäuse eintreten, an den besondere Rohrleitungen angeschlossen sind, die sie zu dem gesteuerten Ansaugventil führen (Abb. 190).

Zur Warmhaltung des Gemisches befinden sich die Ansaugrohre natürlich tunlichst im Windschatten der rotierenden Zylinder, auch ist der Querschnitt mit Rücksicht auf den Luftwiderstand flach, und die Rohre schmiegen sich so eng als möglich an den Motor an.

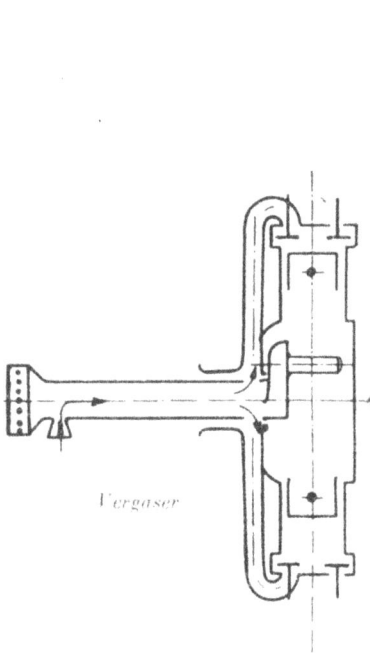

Abb. 190.

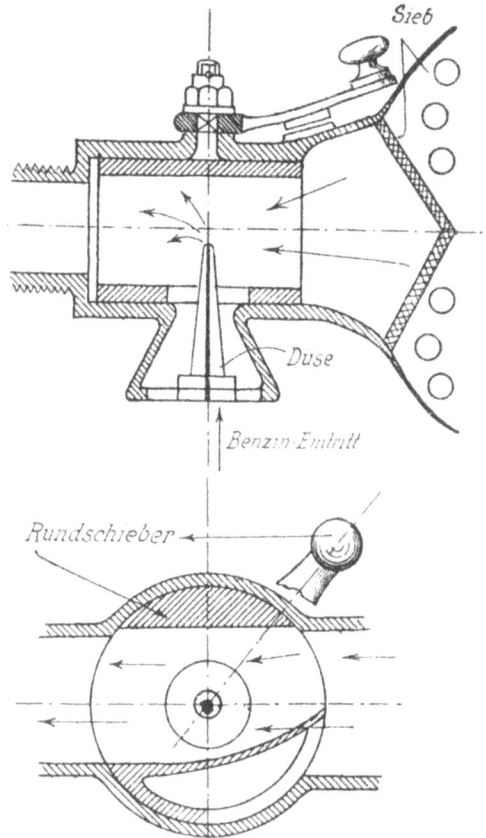

Abb. 191.

Der Vergaser der Gnom-Motoren ist durch Weglassen des Schwimmerwerkes von großer Einfachheit. Das Schwimmerwerk fehlt, weil es nicht genügend Benzin liefern würde, um den Motor zu speisen. Die Zuleitung erfolgt durch ein Rohr, dessen Querschnitt durch einen Drehschieber (bei Rhône-Flachschieber) verringert und geschlossen werden kann (Abb. 191). In diesem steckt eine Spritzdüse, die mit dem Benzinbehälter unter Zwischenschaltung eines Hahnes, der den Zulauf reguliert, in Verbindung steht. Beim Lufteintritt ist ein Drahtsieb vorgeschaltet, damit keine Unreinigkeiten durch die große Saugwirkung mit in das Innere des Triebwerkes gerissen werden können. Zur Regulierung des Quantums des angesaugten Benzinluftgemisches, aber auch zur Erzeugung einer der Drehzahl des Motors angepaßten Qualität desselben dient der Drehschieber.

Zum Betriebe wird Benzin von 0,700/0,730 spez. Gewicht verwendet. Auch hier darf Benzin nur durch Wildleder in die Tanks gegossen werden. In diesen muß ein 2 cm hoher Luftraum bleiben, damit genügend Druck aufgepumpt werden kann.

7. Die Schmierung.

Zwischen den stationären Motoren und den rotierenden besteht in der Schmierung ein prinzipieller Unterschied. Bei luftgekühlten Standmotoren kann neben Frischölschmierung auch Umlaufschmierung in Verwendung kommen, dagegen bei Rotationsmotoren nur Frischöl; denn bei diesen befindet sich das Kurbelgehäuse mit den Zylindern in Bewegung, und so findet sich nirgendwo Gelegenheit, das einmal in die Maschine gegebene Öl wieder zu sammeln und nochmals zu gebrauchen. Es wird vielmehr, durch die Zentrifugalwirkung nach außen geschleudert, am Kolben und Zylinderboden verdampfen und nach außen entweichen. Dieses wird, wie bereits erwähnt, sogar zweckmäßig

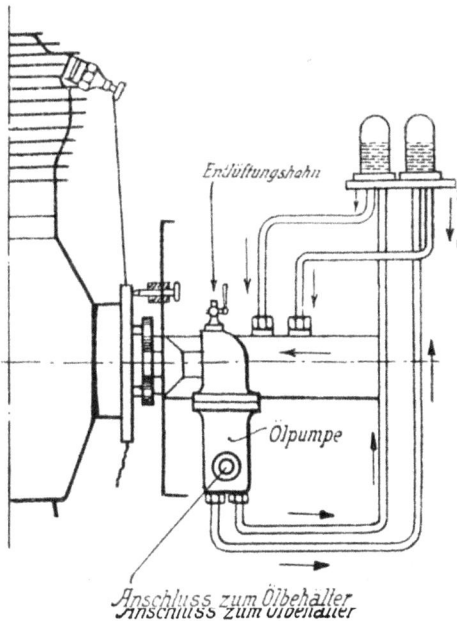

Abb. 192.

durch Bohrungen unterstützt, damit sich nirgends Öl ansammeln kann. Bei Rotationsmotoren darf, um die Bildung von harten Ölkrusten zu verhüten, nur organisches Öl oder Rizinusöl verwendet werden.

Bei stationären Motoren werden im allgemeinen Zahnradpumpen (rotierende Ölpumpen), bei Rotationsmotoren Pumpen mit hin und her gehenden Kolben verwendet, weil das Förderquantum genau bemessen sein muß, während bei Standmotoren das zu viel gelieferte Öl in den Ölsumpf zurücklaufen kann (Abb. 192). Bevor das Öl die Schmierstellen passiert, geht es durch die Ölkontrollvorrichtung. Dies ist meistens eine Glasglocke; es dürfen in derselben keine Luftblasen entstehen, weder beim Ingangsetzen noch während des Betriebes. Durch die Pulsationen in der Glasglocke läßt sich jederzeit die Funktion der Pumpe und die Umlaufzahl des Motors kontrollieren. Wenn man beim Gnom-Motor die in der Minute ermittelte Anzahl der Pulse mit 14,26 multipliziert, hat man die minutliche Drehzahl.

Bemerkenswert ist besonders die Führung des Schmieröls bei Umlaufmotoren mit zwei Zylinderebenen (Abb. 193). Die Ölleitungen werden in die feststehende Kurbelwelle hineingelegt.

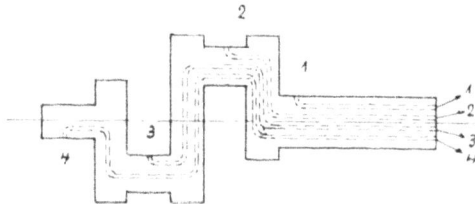

Abb. 193.

Die Ölpumpe.

Das zur Schmierung notwendige Öl wird dem Gnom-Motor von einer Kolbenpumpe zugeführt. Dieselbe besitzt vier Kolben, die von einem Schneckengetriebe und Nocken betätigt werden. Zwei derselben sind Steuerkolben, die beiden anderen Arbeitskolben, wovon der eine größer im Durchmesser ist und daher die größere Ölleitung bedient.

Befindet sich die Pumpe in Ansaugstellung, so steht der Arbeitskolben in seiner höchsten, der Steuerkolben in seiner tiefsten Stellung (Abb. 194). Seine Stufe verbindet dabei die Öllöcher der Zylinderwand des Steuerkolbens mit dem Kanal, der zum Arbeitskolben führt, so daß derselbe das Öl aus dem Gehäuse ansaugen kann.

Wenn die Pumpe arbeitet, so geht der Arbeitskolben nach unten, der Steuerkolben nach oben und versperrt dabei die Öllöcher gegen den Kanal, so daß der Arbeitskolben das Öl nicht in das Gehäuse zurück, sondern nach dem Motor drückt (Abb. 195).

Oben auf der Pumpe befindet sich ein Hahn zur Kontrolle und Entlüftung. Das freie Ende der Schneckenwelle dient zum Anschluß des Umdrehungszählers (Tachometer).

Störungen an der Ölpumpe sind selten und beschränken sich auf Federbrüche oder Verstopfungen der kleinen Öllöcher, was bei vorsichtigem Einfüllen von Öl in den Öltank zu vermeiden ist.

Zur Schmierung wird chemisch reines Rizinusöl von weißer Farbe verwendet. Das spez. Gewicht des Öles soll ca. 0,960 bis 0,970 sein. Beim Einfüllen ist natürlich darauf zu achten, daß keine Unreinigkeiten in den Behälter gelangen.

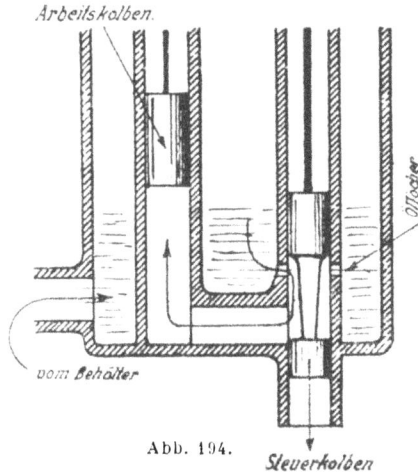

Abb. 194.

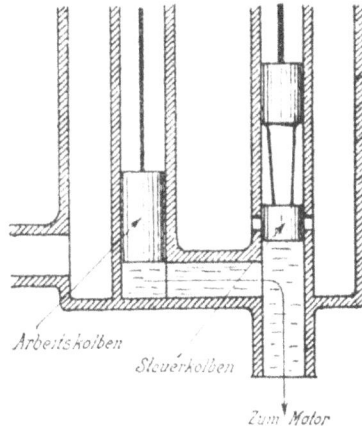

Abb. 195.

C. Störungen und Behandlung des luftgekühlten Motors.

Wenn auch der Rotationsmotor im allgemeinen sorgfältiger behandelt werden muß, so gelten doch zur Beseitigung von Störungen die bei dem wassergekühlten Standmotor niedergelegten Vorschriften.

Störungen am Einlaßventil.

a) Am Kegel.

Der Kegel hat sich durch die Erhitzung verzogen: er muß nachgeschliffen, nachgedreht oder ausgewechselt werden.

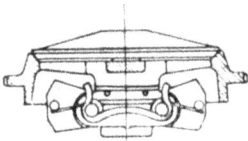

Abb. 196.

Der Kegel reibt sich in seiner Führungsbüchse; sein Schaft zeigt Riefen, die mit Ölstein oder feinem Schmirgel und Öl abzuschleifen sind (Abb. 196).

Bei öfters eingeschliffenen Ventilkegeln setzt sich der Schaft am unteren Ende auf die Führungsbüchse auf: die Büchse ist dann abzufräsen. Man soll sich oftmals überzeugen, daß nichts ein gutes Schließen des Ventils hindert.

b) An den Gegengewichten.

Die Gegengewichtsnase reibt sich in der Aussparung des Kegelschaftes; sie zeigt dann trockene glänzende Stellen, die mit Ölstein abzuschleifen sind.

Die Gegengewichtsnase ist angebrochen oder abgerissen; ein Gegengewicht reibt auf seinem Gegengewichtsbolzen; dieser ist leicht mit Schmirgel abzureiben.

Die Gegengewichte schlagen beim Öffnen auf die Nebenstangen auf: man legt eine zweite Dichtung unter das Einlaßventil und schraubt den Ventilsitz derartig ein, daß die Gegengewichte in den freien Raum an den Nebenstangen vorbei öffnen.

Abgebrochene Auflagebolzen an den Gegengewichten sind zu erneuern.

c) An den Federn.

Die Federn sind öfters durch Nachwiegen des Ventils auf ihre Spannung zu prüfen. Gebrauchte Federn sollen 4,7, neue 5,7 kg tragen, ehe das Ventil sich zu öffnen beginnt. Beim Wiegen des Ventils steckt man ein Einschleifeisen oder sonstiges passendes Werkzeug in die Aussparung des Kegelschaftes, befestigt daran das Gewicht und hebt dieses vorsichtig an. Gebrochene Ventil-

federn sind durch neue zu ersetzen. Das Zerbrechen einer Auspuff-
ventilfeder wird beim Fluge durch plötzliches Schlagen des Motors
angezeigt. Durch die Rotation wird das Schließen des Ventils
auch ohne Feder bewirkt, so daß nicht unbedingt gelandet
werden muß.

d) Verschiedene Störungen.

Die Kegelführungsbüchse ist geplatzt, was auch bei den Federn
oder Gegengewichtsbüchsen eintreten kann.

Ein Anschlagbolzen oder ein Gegengewichtsbolzen ist gebrochen.

Der Brückenbolzen ist in seiner Nietung losgebrochen.

Eine Sicherungsschleife hängt aus, weil sie nicht zusammen-
gebogen war oder weil die Abschrägung der Gegengewichtsbolzen
falsch stand.

e) Demontage und Montage des Einlaßventils.

Um Verwechslungen unbedingt auszuschließen, lege man bei
der Demontage des Ventils alle linken Teile auf die linke, alle
rechten auf die rechte Seite!

Beim Zusammenbau ist der Kegel so einzuschieben, daß seine
Ziffer auf derselben Seite wie die des Gegengewichtshalters steht;
dann sind die Gewichte so einzuhängen, daß ihre Ziffern mit der
Ziffer des Gegengewichtshalters eine Linie bilden. Man montiert
das Ventil vollständig fertig und hängt erst zuletzt die Federn
in die Auflagebolzen der Gegengewichte ein. Knallen des Motors ist auch ein Zeichen, daß das Einlaßventil offen bleibt.
Hauptsächlich wird ja Knallen durch benzinarmes Gemisch verursacht.

Besonders beim Rotationsmotor ist nach dem Außerbetrieb-
setzen stets Petroleum durch die Auslaßventile zu spritzen. Damit wird verhütet, daß die Kolbenringe festbrennen; denn das
Festbrennen der Ringe, besonders des Obturateurs, verursacht
schlechte Kompression. Verschmutzte Ventile sind mit Benzin
durch Hin- und Herdrehen auf dem Sitze unter wiederholtem Abheben zu reinigen.

Gewöhnlich ist ein Zylinder mit schlechter Kompression auch
unterhalb des Explosionsraumes blau angelaufen. Hat ein Zylinder seitlich einen langen blauen Streifen, so ist daraus zu schließen,
daß ein Kolben oder Obturateur defekt ist. Der Zylinder muß dann

abgenommen werden. Es muß dann auch untersucht werden, ob die Ölkanäle nicht verstopft sind. Desgleichen ist festzustellen, ob die Ölpumpe genügend Öl lieferte und ob der Zufluß und das Luftloch vom Öltank in Ordnung sind.

Um bei den Gnom-Motoren freien Zugang zu dem im Kolben befindlichen Einlaßventil zu bekommen und Auswechseln des defekten Teiles zu ermöglichen, ist das Auspuffventil abzumontieren.

Bei guter Kompression muß beim Durchdrehen der Propeller zurückfedern. Hat ein Zylinder schlechte Kompression, so ist auf ein Aussetzen beim Betrieb zu schließen.

Zeigt sich beim sofortigen Befühlen der Zylinder nach dem Abstellen des Motors, daß einer kalt ist, so muß man auf eine Störung in der Zündung schließen. Meistens ist die Kerze verrußt oder ein Kabel defekt.

Da beim Rotationsmotor meistens nur ein Magnet mit einer Zündkerze an jedem Zylinder verwendet wird, ist besonders darauf zu achten, daß vor jedem Fluge der Magnet oder Verteiler und die Zündkerzen in Ordnung sind.

Tritt Knallen im Vergaser auf, so hat der Motor zu benzinarmes Gemisch. Damit der Motor nicht ersäuft (zu viel Benzin erhält), ist der Benzinhahn und der Drosselschieber allmählich zu öffnen, bis das Knallen aufhört.

Beim Umlauf-Motor ist also kurz zusammengefaßt vor dem Fertigmachen zum Fluge folgendes zu beachten:

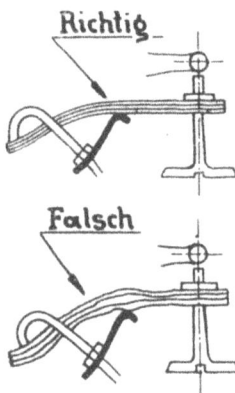

1. Das Druckventil zu dem unter Überdruck stehenden Tank muß dicht halten.

2. Die Zylinder sollen fest im Gehäuse sitzen.

3. Die Propellerschraubenmuttern müssen gut befestigt und gesichert sein.

4. Der Verteiler und seine Kontakte sollen sauber sein.

5. Die Zündkerzen sind gut festzuschrauben und die Messingdrähte aufs sicherste zu befestigen.

6. Alle Schrauben der Kurbelwellenbefestigung ziehe man gut an.

Abb. 197.

7. Die Schrauben an den Zylinderköpfen, welche die verschiedenen dort befindlichen Organe halten, müssen sicher sitzen.

8. Es ist zu prüfen, ob die Auspuffventilfedern die erforderliche Spannung haben und gleichmäßig beansprucht sind (Abb. 197).

9. Man blase die Benzinleitungen durch und überzeuge sich vor allem, daß der Vergaser sauber und die Benzindüse nicht verstopft ist.

10. Man überzeuge sich bei langsamem Durchdrehen, bei abgestellter Zündung, ob alle Zylinder gute Kompression haben.

D. Der Siemens-Umlaufmotor.

In dem Umlaufmotor der Siemens & Halske A.-G. erwächst dem wassergekühlten Flugmotor wieder ein sehr ernster Konkurrent, der anderseits von vornherein berufen zu sein scheint, alle Ausführungen des luftgekühlten Umlaufmotors zu verdrängen.

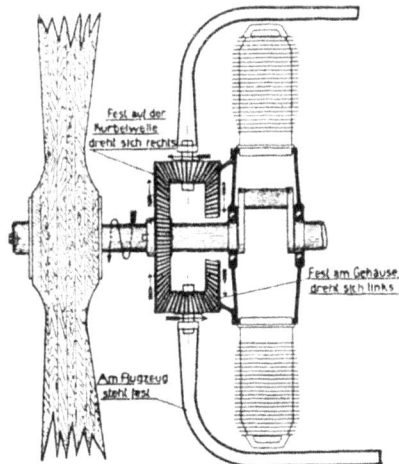

Fest auf der Kurbelwelle dreht sich rechts

Fest am Gehäuse, dreht sich links

Am Flugzeug steht fest

Abb. 198.

Darstellung der Gegenläufigkeit des Siemens-Umlaufmotors.

Denn er ist eine so vollkommene Lösung des Konstruktionsproblems dieser Gattung, daß sich eine im Prinzip bessere kaum mehr wird finden lassen. Der beherrschende Konstruktionsgedanke, der hier verwirklicht worden ist, ist der der Gegenläufigkeit (Abb. 198).

Während sich beim Standmotor die Kurbelwelle, beim Umlaufmotor die Zylinder drehen, setzt der Siemens-Umlaufmotor
beide Systeme in eine gegenläufige Bewegung zu einander. Es

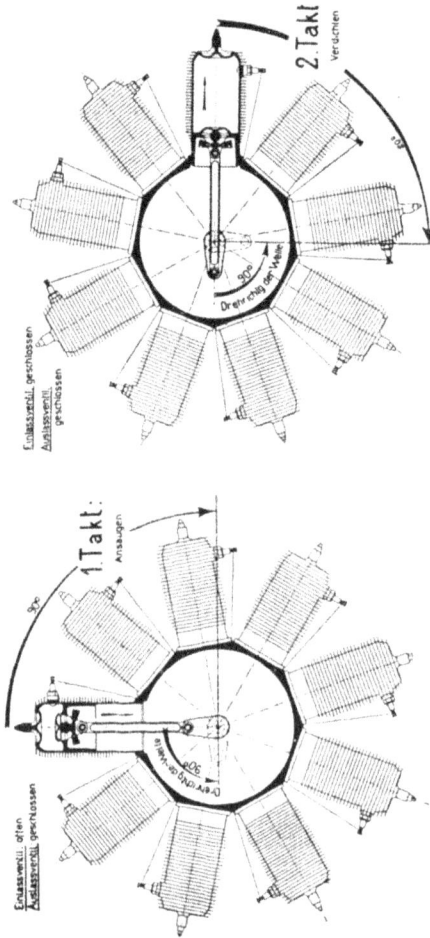

Fig. 199.

Der Viertakt des Siemens-Umlaufmotors.

Der Kolben geht von der unteren Totlage in die obere, hierbei macht der Zylinder eine Viertel-umdrehung nach rechts und die Kurbelwelle eine solche nach links.

Der Kolben geht von der oberen Totlage in die untere, hierbei macht der Zylinder eine Viertel-umdrehung nach rechts und die Kurbelwelle eine solche nach links.

ist ohne weiteres klar, daß sich dadurch die Leistung verdoppeln
muß, daß also die 900 Propellerumdrehungen 1800 beim Gnom-
oder Standmotor etwa gleichzusetzen sind. Es gibt bis jetzt zwei
Typen dieses Motors: den 9 und den 11 zylindrigen. Beim ersten

drehen sich Kurbelwelle und Propeller links, die Zylinder rechts; beim 11 zylindrigen ist es umgekehrt. Mit dem Flugzeug ist der Motor durch einen Rahmen am Kegelradantrieb verbunden.

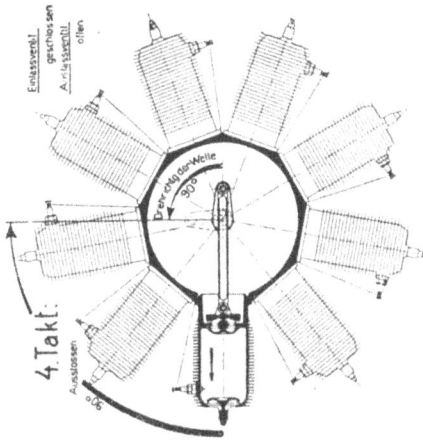

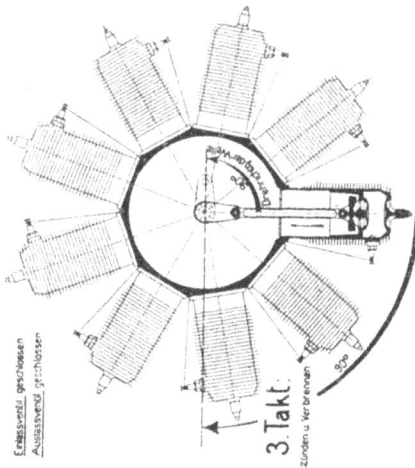

Fig. 200.

Der Viertakt des Siemens-Umlaufmotors.

Der Kolben geht von der oberen Totlage in die untere, hierbei macht der Zylinder eine Viertel-umdrehung nach rechts und die Kurbelwelle eine solche nach links.

Der Kolben geht von der unteren Totlage in die obere, hierbei macht der Zylinder eine Viertel-umdrehung nach rechts und die Kurbelwelle eine solche nach links.

Die Arbeitsweise ist auch die des Viertaktes, der sich aber infolge der Gegenläufigkeit bei einer Umdrehung abspielt, wie aus Abb. 198—200 ersichtlich ist.

Die erste Ausführung des Siemens-Motors hat noch ähnlich

dem Gnom ein selbsttätiges Ansaugventil im Kolben, die neue dagegen, wie der Rhône-Motor, gesteuertes Einlaß- wie Auslaß-ventil im Zylinderboden. Sie überwindet damit einen Hauptmangel des Gnom, der zwar anfänglich bei den leichten Eindeckern nicht so sehr ins Gewicht fiel.

Beim 9-Zylindertyp (Sh 1) öffnet das Einlaßventil nach der oberen Totlage automatisch; daher ist der Winkelgrad nicht be-stimmbar. Es schließt 18,5° nach der unteren Totlage. Das Auslaß-ventil öffnet 30° vor dem unteren, schließt im oberen Totpunkte. Die Vorzündung erfolgt 18° vor der oberen Totpunktlage (Abb. 201).

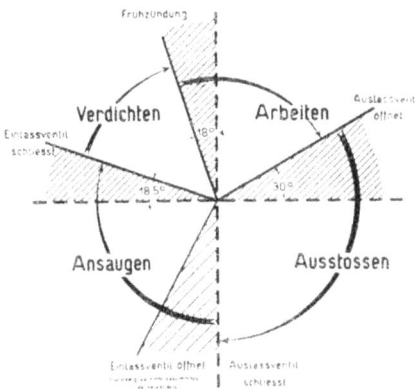

Frühzündung feststehend 18° vor der oberen Totpunktlage.

Einlaßventil öffnet nach der oberen Totpunktlage, schließt 18,5° nach der unteren Tot-punktlage.

Auslaßventil öffnet 30° vor der unteren Totpunktlage, schließt in der oberen Totpunktlage.

Fig. 201.

Die Einstellung des Siemens-Umlaufmotors.

Beim 11-Zylinder öffnet Einlaßventil 1° vor oberem Totpunkt und, schließt 16° nach unterem; Auslaßventil öffnet 28,5° vor unterem schließt im oberen Totpunkt. Eine Nockenscheibe mit 12 Nocken, 6 für Einlaß, 6 für Auslaß, betätigt mit Stoßstangen die Ventile. Jedes Ventil hat eine Stößelstange. Der 9- und 11-Zylinder haben: 114 mm Bohrung, 130 mm Hub, 140 PS Leistung 132 kg Gewicht 124 » » 140 » » 160 » » 192 » »

Bei dem größeren kann die Leistung mit Hilfe des gesteuerten Einlaßventils durch Überdruck auf 200 PS gesteigert werden. Wenn bereits erwähnt wurde, daß die Umdrehungszahl mit 900 in der Minute 1800 des Stand- oder Gnommotors entspricht, so muß man dabei bedenken, daß die lebendige Kraft in diesen Größen gleich, der Luftwiderstand infolge der langsameren Ro-

tation aber geringer ist, also auch entsprechend weniger Verlust
an Nutzeffekt eintritt. Der Antrieb erfolgt durch ein System von
4 Kegelrädern (Abb. 198). Ein großes Rad sitzt auf dem Zylindergehäuse, ein anderes auf der Kurbelwelle. Zwei kleinere, die sich
quer zu den beiden ersten drehen, sitzen am Einbaurahmen. Beim
kleinen Motor sind 3 solche Zwischenräder vorhanden, je eins für
die beiden Magnete und die Ölpumpe. Beim größeren treibt ein
Stirnrad auf der Kurbelwelle die beiden Magnete, Ölpumpe und
Maschinengewehrantrieb.

Die Zylinder am Siemens-Motor sind nicht aus Gewehrlaufstahl, sondern aus gehärtetem Eisen. Sie haben Aluminiumkolben,
die sich, nachdem man ihnen 0,8 mm Spiel gegeben hat, gut be-
währen sollen. Die Kurbelwelle ist aus Chromnickelstahl, alle
übrigen Teile aus Mangan und S.M.-Stahl.

Ein besonderer Vorzug des Siemens-Motors ist es, daß er auch
mit Mineralöl geschmiert werden kann. Man verwendet es in einer
Mischung 1:1 mit Rüböl, die allerdings nicht harzfrei ist. Der
Ölverbrauch ist mit 14—16 l pro Stunde noch höher als beim Gnom.
Wie bei den anderen Motoren erfolgt die Schmierung durch eine
Ölpumpe mit 3 Kolben: 1 für das Zylindergehäuse, 1 für das Ge-
triebe, 1 für die Rückförderung.

E. Anhang.

Abbremsung der Flugmotoren.

Die Leistung eines Motors bezogen auf die Drehzahl steigt
im allgemeinen bis zu einem gewissen Maximum, um dann mehr
oder weniger rasch zu fallen (Abb. 202). Dies erklärt sich einmal
durch die erhöhten Ansaugwiderstände und die dadurch bewirkte
schlechtere Füllung der Zylinder, anderseits durch die Abnahme
des mechanischen Wirkungsgrades, indem die Reibungswiderstände
im Triebwerk mit höheren Drehzahlen zunehmen.

Zwischen den im Zylinderinnern auftretenden Drücken und
denen der effektiven Leistung besteht derselbe Unterschied wie
zwischen der von Dampfmaschinen her bekannten indizierten und
effektiven Leistung. Die Differenz zwischen der effektiven und
indizierten Leistungskurve geht durch die Reibungsarbeit (mechanischer Wirkungsgrad) der Maschine verloren (Abb. 202—205).

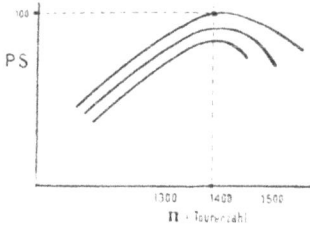

Abb. 202.

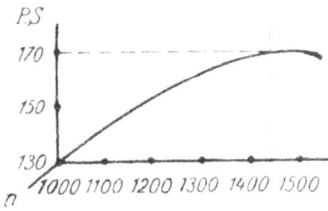

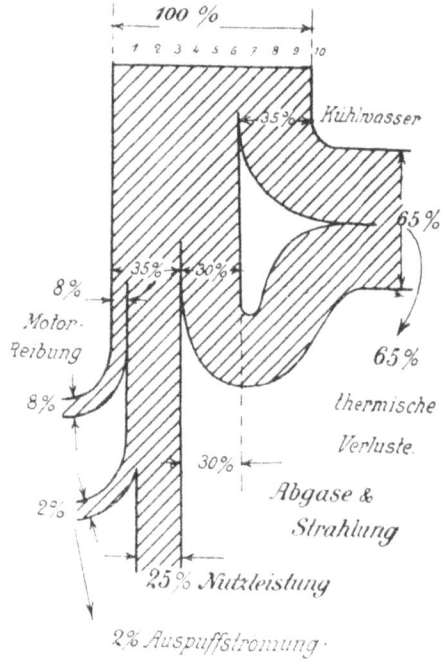

Energiewert des Benzins.

100 %

35% *Kühlwasser*

65 %

8%

Motor-Reibung

8%

35%

30%

65 %

thermische

Verluste.

2%

30%

Abgase &

Strahlung

25% *Nutzleistung*

2% *Auspuffströmung.*

Abb. 204.

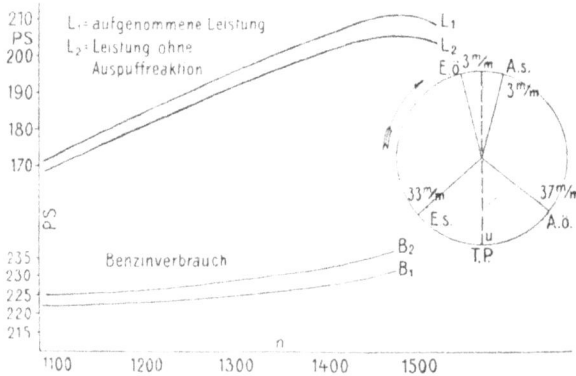

Abb. 205.

Trägt man die Energie des Benzins als einen Wert von 100% auf und berechnet, wieviel von dieser Energie sich bei einem guten Motor schließlich als Nutzleistung gewinnen läßt, so ergibt sich nebenstehendes Diagramm (Abb. 204).

Wie wichtig gerade die Ausgestaltung des Verbrennungsraumes und die der Steuerung ist, ergibt sich an Hand der Abbildungen (202—207) durch folgende Überlegung:

Gingen z. B. von den 25% Nutzleistung 1% mehr an das Kühlwasser, 1% mehr an Ausstrahlung und 1% mehr an Reibung verloren, so wäre der thermische Wirkungsgrad um rd. 10% ver-

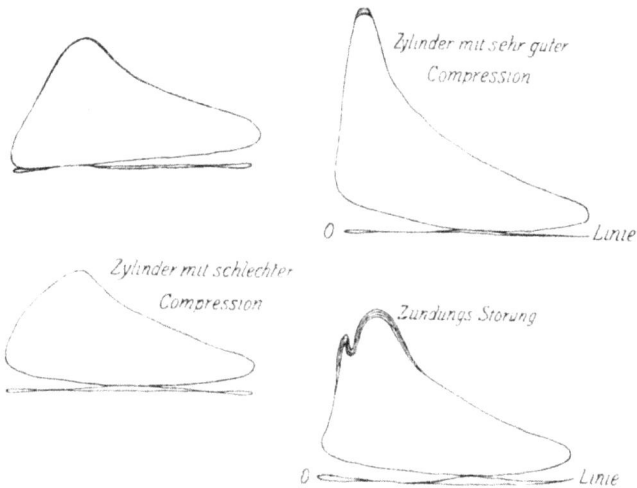

Abb. 206.

schlechtert (Abb. 204). Der mechanische Wirkungsgrad beträgt etwa 85%. Er wird z. B. gefunden, indem man den Motor an eine Dynamo kuppelt und mißt, wieviel Kraft diese zum Treiben des leeren Motors benötigt.

Der Verbrennungsmotor ist in der Wärmeausnutzung der Dampfmaschine überlegen. Der thermische Wirkungsgrad beträgt bei der modernen Dampfmaschine nur etwa 16%.

Zur Erzeugung einer Pferdestärke für die Stunde (PS/Std.) ist theoretisch ein Aufwand von $\dfrac{75 \cdot 60 \cdot 60}{428} = 631$ WE (Kalorien) eines Brennstoffes erforderlich.

Wärmeeinheit (WE), Kalorie, ist diejenige Wärmemenge, die erforderlich ist, um 1 kg Wasser von 0^0 auf 1^0 zu erwärmen. Jede WE eines Brennstoffes würde bei vollkommener Ausnutzung

$$428 \text{ mkg} = \frac{428}{75} = 5,7 \text{ PS leisten. (Mechanisches Wärmeäqui-}$$

valent.)

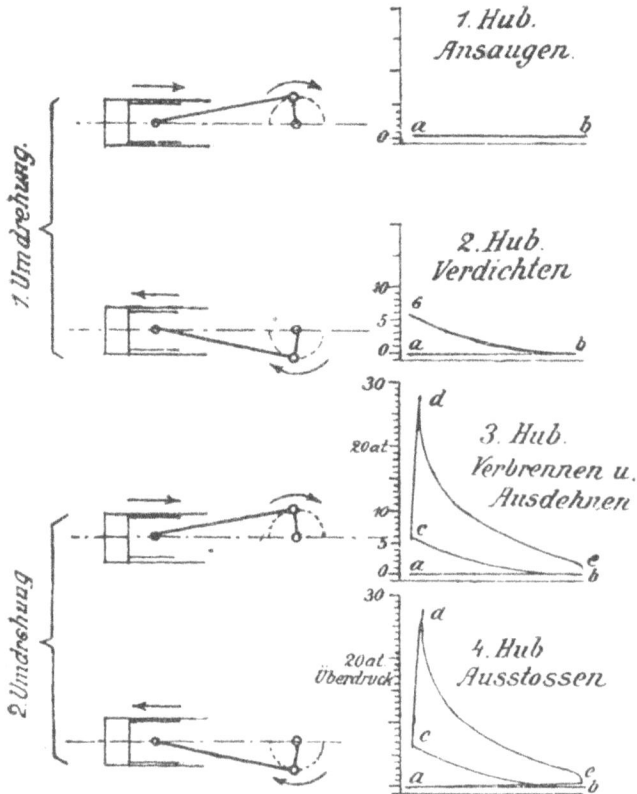

Abb. 207.

Diese ideale Umsetzung der Wärme in Arbeit wird überhaupt nie bei einer Wärmekraftmaschine erreicht.

Der mit dem Kaiserpreis ausgezeichnete Benz-Motor hatte einen Benzinverbrauch von 210 g für die PS/Std. ergeben. Bei dem gebräuchlichen Benzin von 0,720 spez. Gewicht werden für

1 kg etwa 11 000 WE angegeben. Dieses wird durch chemische oder kalorimetrische Messung festgestellt.

Für den betreffenden Benz-Motor errechnet sich nun folgendermaßen der thermische Wirkungsgrad:

$$\frac{631 \cdot 100}{210 \cdot 11} = \frac{63\,100}{2310} = 27^0/_0.$$

Bei der Abbremsung der Motoren wird das als Reaktion sich ergebende Drehmoment gemessen. Nach der goldenen Regel der

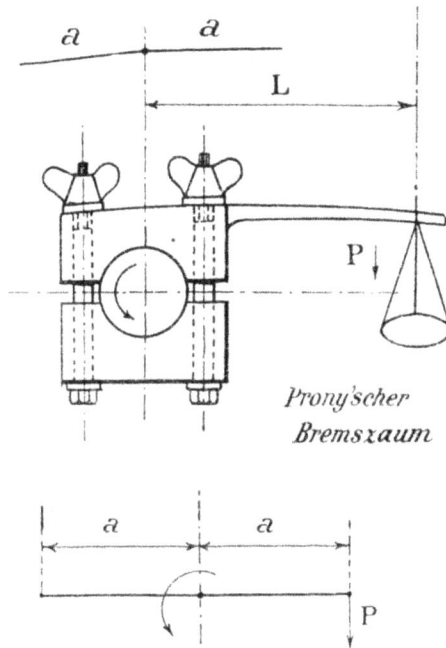

Prony'scher
Bremszaum

Abb. 208.

Mechanik ist bekanntlich der mechanische Nachteil ebenso groß wie der mechanische Vorteil; oder was man durch eine Maschine an Kraft gewinnt, das verliert man am Wege, oder Aktion und Reaktion sind stets einander gleich. Die Arbeitsleistung einer Kraft ist bekanntlich gleich dem Produkt aus der Kraft mal ihrem Wege.

Um große Zahlen zu vermeiden, gibt man die Leistung der Maschinen nicht nach Kilogramm-Metern (kgm), sondern nach

Pferdestärken (PS) an. Eine PS ist eine Arbeit von 75 kgm in der Sekunde.

Vor etwa 15 Jahren, als die Motoren noch nicht so stark gebaut werden konnten, wurde die Leistung mittels des Pronyschen Bremszaums (Abb. 208) bestimmt. Hierbei wurde bekanntlich die Motorleistung dadurch in Wärme umgesetzt, daß man auf einer Motorschwungscheibe Holzbacken mittels Schrauben so fest anzog, bis der Motor die minutliche Drehzahl hatte, bei der man seine Leistung ermitteln wollte.

Die durch die Bremsbacken erzeugte Wärme mußte man durch Begießen mit Wasser abführen, und es war schwierig, die Umdrehungszahl auf der gleichen Höhe zu halten.

Die Leistungsrechnung geschieht nun folgendermaßen: Es sei die am Umfang der Bremsscheibe erzeugte Reibung mit U bezeichnet. Der Angriffspunkt derselben erfolgt im Abstande a vom Drehpunkt (Abstand a entspricht dem Halbmesser der Bremsscheibe). Damit sich nun die Bremsbacken nicht mitdrehen, müssen sie durch eine Gegenwirkung (Reaktion) auf irgendeine Art festgehalten werden. Dies geschieht in der Weise, daß, wie bereits oben gesagt, Aktion oder Reaktion einander gleich sind oder, mathematisch ausgedrückt, daß

$$U \cdot a = P \cdot L$$

ist.

Der Umfang der Bremsscheibe (an dem die Reibung erzeugt wird) dreht sich jeweils mit der Geschwindigkeit pro Sekunde (Umfangsgeschwindigkeit)

$$v = \frac{2\,a \cdot \pi \cdot n}{60} = \frac{a \cdot \pi \cdot n}{30}.$$

hierin ist $\pi = 3,1415$, die Ludolfsche Zahl und n die Drehzahl pro Minute. $\frac{n}{60} =$ Drehzahl pro Sekunde.

Die im Bremsscheibenumfang geleistete Arbeit pro Sekunde ist demnach $A = U \cdot v \cdot$ mkg, oder da 75 mkg eine Pferdestärke ist, wird die Arbeit in PS ausgedrückt durch die Formel

$$\mathrm{PS} = \frac{U \cdot v}{75} = \frac{U \cdot a \cdot \pi \cdot n}{30 \cdot 75}.$$

Da nun aber $l \cdot a = P \cdot L$ ist, so vertauscht man in obiger Gleichung $l \cdot a$ mit $P \cdot L$ und erhält

$$\text{PS} = \frac{P \cdot L \cdot \pi \cdot n}{30 \cdot 75} = \frac{P \cdot L \cdot n}{716{,}2}$$

Die gleiche Formel findet Anwendung bei elektrischen Bremsen (Abb. 209). Die mechanische Reibungskupplung wird hierbei durch eine Dynamo, die mit dem Motor

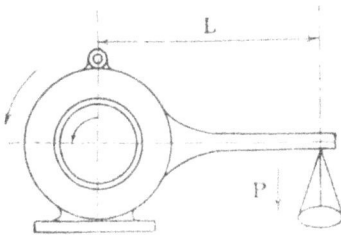

Abb. 209.

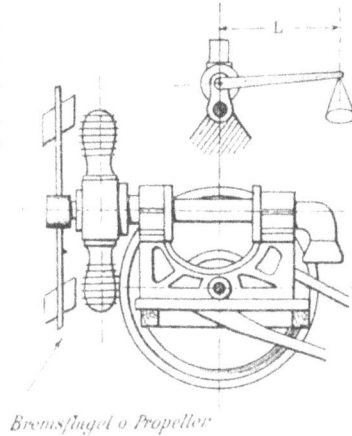

Bremsflügel o Propeller

Abb. 210.

gekuppelt ist, ersetzt. Beim Drehen des Ankers werden in ihr Ströme induziert, die bestrebt sind, das Polgehäuse mitzunehmen.

Die Drehzahl wird geändert, indem man durch Aus- und Einschaltung von Widerständen den in der Dynamo erzeugten Strom regelt.

Neuerdings werden Flugmotoren im Freien durch Bremsflügel oder den dazu gehörigen Propeller abgebremst (Abb. 210). Bei dieser Leistungsbestimmung ist zu beachten, daß die Luft ungehinderten Zutritt und Abfluß habe, weshalb ein solcher Bremsstand nicht in einer Halle oder einem nur teilweise geöffneten Raum aufgebaut sein darf. Auch hier gilt die gleiche Formel wie für den Pronyschen Zaum. Macht man (Abb. 211) den Hebelarm $L = 716$ mm lang, so hebt

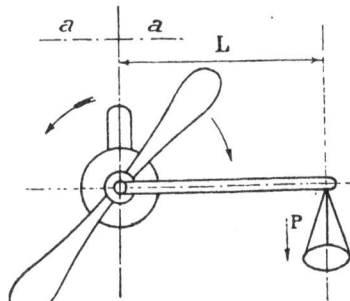

Abb. 211.

sich L gegen 716 und man erhält einfacherweise die Motorleistung aus der Drehzahl n und dem in der Wagschale befindlichen Gewicht P. Es sei:

$n =$ Drehzahl pro Minute,

P das am Hebelarm L angreifende Gewicht in der Wagschale

$L =$ Hebelarm in m (Meter); $\pi = 3{,}1415$.

Dann ist wieder $\mathrm{PS} = \dfrac{P \cdot L \cdot \pi \cdot n}{30 \cdot 75}$.

Als Konstante kann eliminiert werden

$$C = \frac{2 \cdot \pi}{60 \cdot 75} = \frac{\pi}{30 \cdot 75} = \frac{14}{10\,000}.$$

Dann ist $\mathrm{PS} = \dfrac{P \cdot L \cdot n \cdot 14}{10\,000}$ oder wenn

$$\frac{1}{c} = \frac{60 \cdot 75}{2 \cdot n} = \frac{30 \cdot 75}{\pi} = \frac{10\,000}{14} = 716{,}0$$

eingesetzt wird ist,

bei L in mm (Millimeter) $\mathrm{PS} = \dfrac{P \cdot L \cdot n}{716\,000}$,

bei L in m (Meter) $PS = \dfrac{P \cdot L \cdot n}{716}$.

Folglich wenn $L = 716$, $\mathrm{PS} = \dfrac{P \cdot 716 \cdot n}{716}$.

Also $\qquad\qquad \mathrm{PS} = P \cdot n.$

Da 1 PS $=$ 736 VA[1]) ist, so wird in den Fabriken die Motorleistung auch in elektrische umgesetzt und so gemessen. Diese Bremsung ist jedoch nur dann einwandfrei, wenn der Wirkungsgrad der betreffenden Dynamomaschine genau bekannt ist.

Auch müssen die Meßinstrumente genau anzeigen. Man muß bei einer solchen Messung die abgelesenen Voltampere durch 625 dividieren, da der Wirkungsgrad der gebräuchlichsten Dynamo 85% ist. Also $J = 625$ d. i. 85% von 736, z. B. 210 Amp., 300 V $= 63\,000$ VA.

$$\mathrm{PS} = \frac{63\,000}{625} = \text{ca. } 100 \text{ PS.}$$

---

[1]) VA = Volt-Ampere oder Watt.

Die Leistung des Motors ist nun proportional dem Barometer-
stand und umgekehrt proportional den Temperaturen.

Bei steigendem Barometer wird auch die Leistung steigen,
dagegen beim Steigen des Thermometers wird sie abnehmen.

Es gilt die Formel:

$$N_e = \frac{N_0 \cdot b \cdot (273 + t_0)}{b_0 \cdot (273 + t)}$$

$$N_0 = \frac{N_e \cdot b_0 \cdot (273 + t)}{b \cdot (273 + t_0)} \cdot$$

Beispiel: Ein Motor leistet bei $b = 710$ und $t = 10^0$ C 100 PS
effektiv, wieviel wird derselbe Motor bei $b = 760$ und $t_0 = 15^0$ C
leisten?

$$N_0 = \frac{100 \cdot 760 \cdot (273 + 10)}{710 \cdot (273 + 15)} = 104,8 \text{ PS}.$$

Aus der Effektivleistung (N_e) eines Motors wird der mittlere
Arbeitsdruck bestimmt, und dieser dient nun wiederum als Grund-
lage zur Berechnung neuer Motoren und zum einwandfreien Vergleich solcher von verschiedenen Abmessungen. Der mittlere
Druck einer Maschine ist der Arbeitsdruck der im Mittel während
eines Hubes des Viertaktes auf 1 cm² (qcm) der Kolbenfläche
abgegebenen Arbeit. Die Motorleistung ist:

$$N_e = \frac{P \cdot c}{75} = \frac{\frac{d^2 \cdot \pi}{4} \cdot \frac{i}{4} \cdot \frac{s \cdot n}{30} \cdot p_m}{75}$$

$$p_m = \frac{N_e \cdot 75}{\frac{d^2 \cdot \pi}{4} \cdot \frac{i}{4} \cdot \frac{s \cdot n}{30}},$$

wobei $\quad p_m =$ mittlerer Druck,

$d^2 \cdot \dfrac{\pi}{4} =$ Kolbenoberfläche,

$s =$ Hub $=$ Weg,

$c = \dfrac{2 \cdot s \cdot n}{60} = \dfrac{s \cdot n}{30} =$ mittlere Kolbengeschwindigkeit,

$n =$ Drehzahl in der Minute,

$i =$ Anzahl der Zylinder ist.

Anmerkung. $\dfrac{1}{273} =$ Ausdehnungskoeffizient der Gase, $- 273^0$ C
ist der absolute Nullpunkt; dabei haben die Gase (Luft) keine Wärme
und Spannkraft mehr.

Der mittlere Druck der wassergekühlten Flugmotoren ist etwa 8 kg pro cm².

Ein 7 Zylinder - 80 PS - Rotationsmotor 124 ɸ 140 Hub, der bei $b = 760$ mm Quecksilbersäule etwa 85 PS leistet, würde einen mittleren Druck von 4,8 kg pro qcm ergeben.

Zur besseren Ausspülung und Auffüllung der Zylinder wurden daher auch bereits im stationären Motorenbau Mehrtaktmaschinen versucht. Speziell auch bei den luftgekühlten Rotationsmotoren wäre eine bessere spezifische Leistung erwünscht, und daher wurden auch 5- und 6-Taktmaschinen angestrebt.

Um bei Rotationsmotoren auf hohe Leistung zu kommen, wurde die Gruppierung von mehr als 7 oder 9 Zylindern auf einen Stern versucht, sie ist aber sehr schwierig, und die Pleuelstangen würden schlecht auf einem gemeinsamen Kurbelzapfen arbeiten können. Die Zylinderdimensionen können bei dieser Motorenart auch im Durchmesser nicht groß sein.

Bei der Gruppierung von mehreren Sternen hintereinander wird die spezifische Leistung auch nicht besser, und das Gewicht pro Einheit wird dann ungünstig. Zweisternmotoren (14 oder 18 Zylinder) mit etwa 180 PS werden sich allenfalls noch durchringen können. Jedoch folgt aus alledem, daß Standmotoren mit Wasserkühlung für hohe Leistungen am besten geeignet sind. Es sind daher wassergekühlte Standmotoren mit 300 bis 500 PS und dann mit untersetztem, also langsamlaufendem Propeller anzustreben. Diese hohen PS-Zahlen wären zunächst durch V-Stellung der vorhandenen und erprobten sechszylindrigen 150 bis 250 PS wassergekühlten Standmotoren zu erreichen. Denn eine größere Zylinderreihe, z. B. 8 Zylinder, ergibt wohl einen zu langen Bau. Später mag man dann wohl auch dazu gelangen, diese Kraft in 6 Zylinder zu legen, da ein 6 Zylindermotor infolge seiner vollkommenen Ausbalancierung und geringen Anzahl von Organen ein äußerst günstiger Flugmotor ist.

Müller, Flugmotoren.

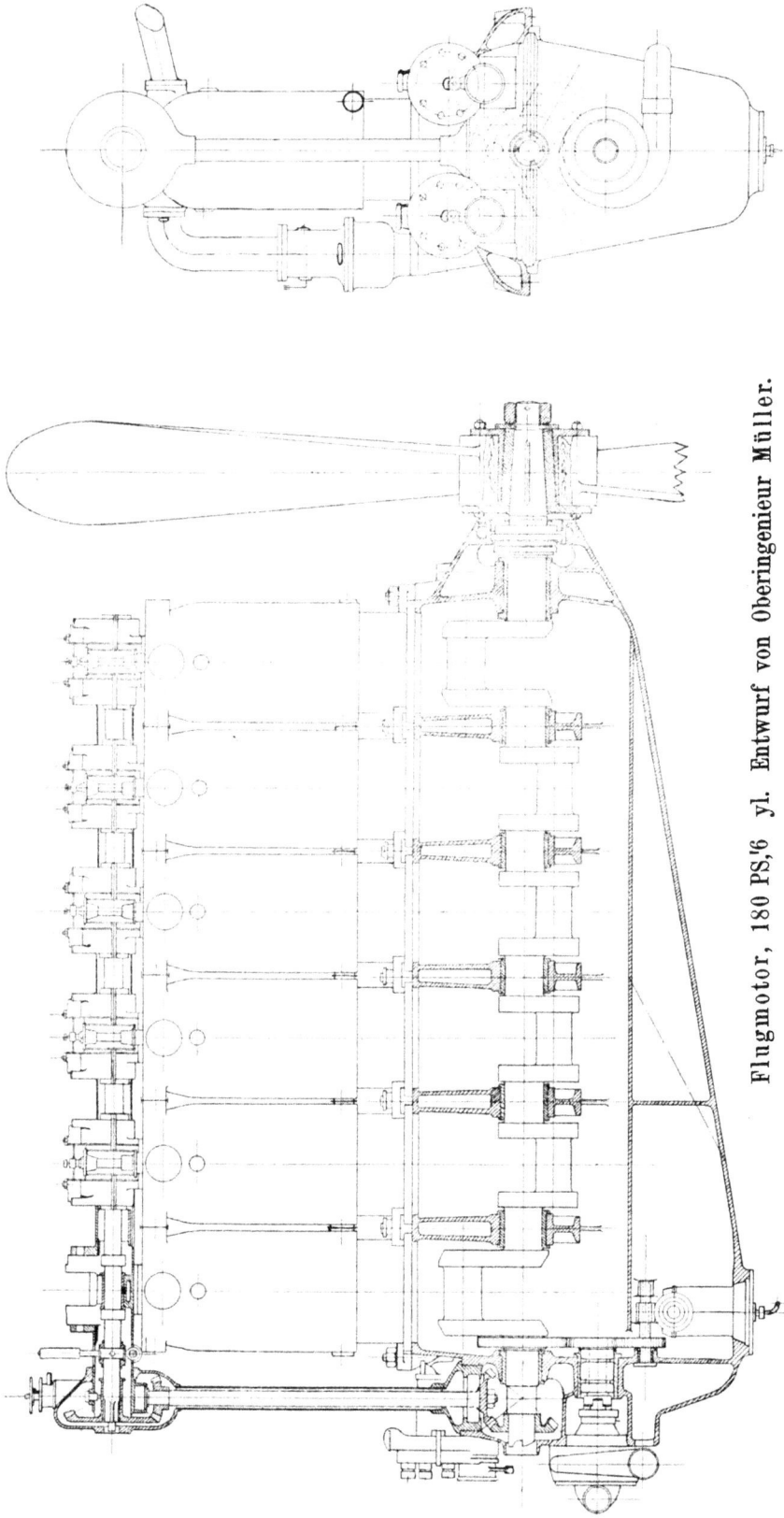

Flugmotor, 180 PS, 6 yl. Entwurf von Oberingenieur Müller.

Müller, Flugmotoren.

Querschnitt

Längsschnitt

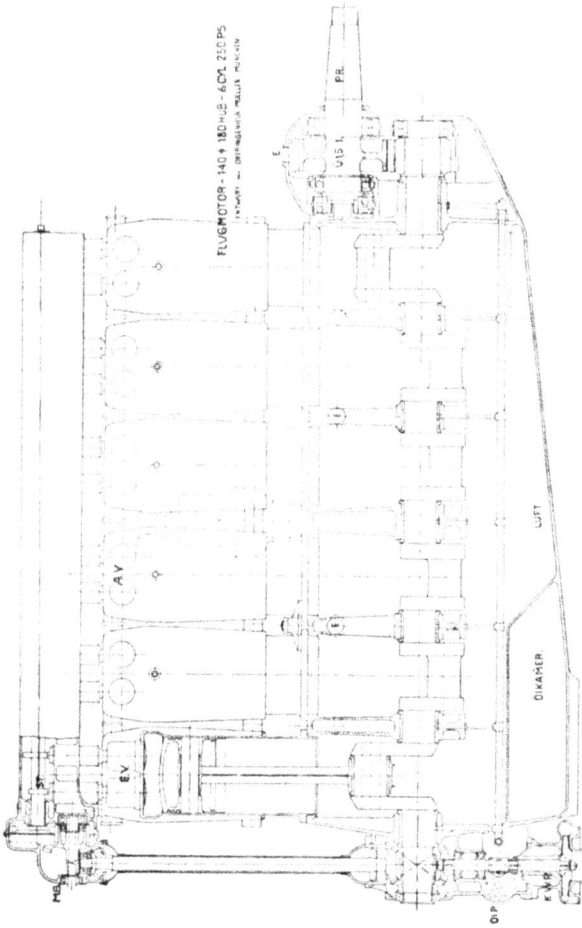

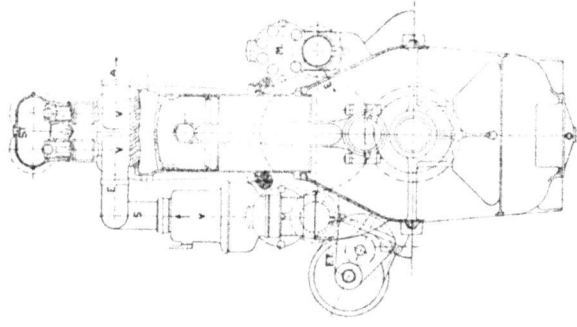

Flugmotor, 140 Φ, 180 Hub, 6 Zyl., 250 PS. Entwurf von Oberingenieur Müller, München.

Druck und Verlag von R. Oldenbourg in München und Berlin.

Flugmotoren (des feindlichen Auslandes).

Bezeichnung	Kühler	Zylinder		Hub	Umdrehungen		PS	Mittl. Kolben- geschw. v_m	$p_m \cdot$ kg mittl. Druck
		Zahl	Durch- messer		Kurbel	Schraube			
Renault	Luft	8	105	130	2000	1000	90	8,60	4,50
»	»	12	105	130	2000	1000	130	8,60	4,35
»	Wasser	8	125	150	1400	1400	160	7,00	7,00
»	»	12	125	150	1400	1400	240	7,00	7,00
Peugot	»	8	100	180	1600	—	140	9,60	7,00
Engl. Daimler	Luft	8	100	140	2000	1000	100	9,35	5,10
»	»	12	100	140	2000	1000	150	9,35	5,10
Beondmore	»	6	130	175	1200	—	120	7,00	6,50
»	Wasser	6	142	178	1300	1300	160	7,70	6,55
Rolls & Royce	»	12	114	164	1600	1024	250	8,75	7,10
Sunbeam & Coatalen .	»	6	125	160	1800	—	170	9,60	7,25
» »	»	12	125	160	1800	—	350	9,60	7,45
» »	»	18	125	160	1800	—	475	9,60	6,75
Hispano-Suiza	»	8	120	130	1600	—	160	6,95	7,70

R. OLDENBOURG VERLAG, MÜNCHEN-BERLIN

Die meteorologische Ausbildung des Fliegers

Von **Dr. Franz Linke**

Professor an der Universität Frankfurt a. M.

Zweite vermehrte Auflage.

V u. 92 S. 8⁰. Mit 37 Abb., 4 Wolkenbildern, 5 farb. Wetterkarten u. 4 Tab.

Gebunden M. 3.—

Der Vogelflug als Grundlage der Fliegekunst

Ein Beitrag zur Systematik der Flugtechnik

Auf Grund zahlreicher von **O.** und **G. Lilienthal** ausgeführter Versuche bearbeitet von **Otto Lilienthal,** Ingenieur und Maschinenfabrikant in Berlin. Zweite vermehrte Auflage. Mit einer biographischen Einleitung und einem Nachtrag von **Gustav Lilienthal,** Baumeister und Dozent an der Humboldt-Akademie.

XXIV und 186 S. 8⁰. Mit 93 Abb., 8 lithogr. Tafeln und 1 Porträt.

In Leinwand geb. M. 9.—

Der projektierte Flug des Luftschiffs „Suchard" über den Atlantischen Ozean

Herausgegeben von der **Transatlantischen Flugexpedition**

III und 36 S. Lex.-8⁰. Mit 10 Abb. Geheftet M. 1.—

Luftschrauben-Untersuchungen der Geschäftsstelle für Flugtechnik

des Sonderausschusses der Jubiläumsstiftung der deutschen Industrie

Von Dr.-Ing. **F. Bendemann**

III u. 41 S. 4⁰. Mit 84 Abb. u. 1 Tafel. Geh. M. 3,50

Für 1911—12. III u. 30 S. 4⁰. Mit 75 Abb. u. 2 Tafeln. Geh. M. 2,50

Für 1913—15. 47 S. 4⁰. Mit 99 Abb. u. 28 Zahlentafeln, Geb. M. 7,50

Zu den angegebenen Preisen kommen noch 20 % Verlags- und 10 % Sortiments-Kriegszuschlag. Die Werke sind zu beziehen durch jede Buchhandlung oder direkt von obigem Verlage.

R. OLDENBOURG VERLAG, MÜNCHEN-BERLIN

Luftfahrzeugbau und -Führung

Hand- und Lehrbücher des Gesamtgebietes in selbständigen Bänden

Unter Mitwirkung hervorragender Fachgelehrter herausgegeben von

Georg Paul Neumann, Hauptmann a. D.

I. und II. Band:

Aeronautische Meteorologie. Von Dr. Franz Linke. Teil I geb. M. 3.—
Teil II geb. M. 3.50.

III. Band:

Chemie der Gase. Allgemeine Darstellung der Eigenschaften und Herstellungsarten der für die Luftschiffahrt wichtigen Gase. Von Dr. Friedrich Brähmer. Geb. M. 4.—.

IV. und V. Band:

Der Maschinenflug. Seine bisherige Entwicklung und seine Aussichten. Von Joseph Hofmann (Doppelband). In Leinwand geb. M. 6.—.

VI. Band:

Luftschrauben. Leitfaden für den Bau und die Behandlung von Propellern. Von Paul Béjeuhr. In Leinwand geb. M. 4.—.

VII., VIII. und IX. Band:

Bau und Betrieb von Prall-Luftschiffen. Von R. Basenach. Teil I geb. M. 3.—. Teil II geb. M. 3.—. Teil III (in Vorbereitung).

X., XI. und XII. Band:

Mechanische Grundlagen des Flugzeugbaues. Von A. Baumann. Teil I in Leinw. geb. M. 4.—. Teil II geb. M. 4.—. Teil III (in Vorbereitung).

XIII. Band:

Leitfaden der drahtlosen Telegraphie für die Luftfahrt. Von Max Dieckmann. In Leinwand geb. M. 8.—.

XIV. Band:

Die Wasserdrachen. Ein Beitrag zur baulichen Entwicklung der Flugmaschine. Von Joseph Hofmann. In Leinwand geb. M. 4.—.

XV. Band:

Anlage und Betrieb von Luftschiffhäfen. Von Dipl.-Ing. Christians. In Leinwand geb. M. 4.50.

XVI. Band:

Die angewandte Chemie in der Luftfahrt. Von Dr. Geza Austerweil. In Leinwand geb. M. 6.—.

Zu den angegebenen Preisen kommen noch 20% Verlags- und 10% Sortiments-Kriegszuschlag.

R. OLDENBOURG VERLAG, MÜNCHEN-BERLIN

Zeitschrift für
Flugtechnik u. Motorluftschiffahrt

Mit Beiträgen der Modell-Versuchsanstalt für Aerodynamik in Göttingen, der Deutschen Versuchsanstalt für Luftfahrt in Berlin-Adlershof und der Schiffbau-Abteilung der Kgl. Versuchsanstalt für Wasserbau und Schiffbau in Berlin

Organ der wissenschaftlichen
Gesellschaft für Luftfahrt

Herausgeber und Schriftleiter:
Ing. Ansbert Vorreiter, Berlin

Leiter des wissenschaftlichen Teiles:

Dr. **L. Prandtl**
Professor an der Universität
Götitngen

Dipl.-Ing. **F. Bendemann**
Professor, Direktor der Deutschen Versuchsanstalt für Luftfahrt, Berlin-Adlershof

Jährlich 24 Hefte mit zahlreichen Abbildungen und Tafeln
Preis für den Jahrgang M. 14.—; pro Halbjahr M. 7.50

Die Zeitschrift für Flugtechnik und Motorluftschiffahrt ist eine Sammelstelle für alle wissenschaftlichen und technischen Fragen des Luftfahrzeugbaues; als solche enthält sie aus der Feder von Fachleuten ersten Ranges Abhandlungen und Berichte über die Konstruktion der Luftfahrzeuge und ihrer Teile, namentlich der Motoren; ferner über die Erfahrungen im Betrieb der Luftfahrzeuge und ihre Leistungen. Einen ihrer Bedeutung angemessenen Platz nehmen vor allem aber die Theorie und die wissenschaftlichen Versuche ein. Endlich erfährt auch die sportliche Seite des Gebietes die ihr zukommende Würdigung.

www.ingramcontent.com/pod-product-compliance
Lightning Source LLC
Chambersburg PA
CBHW031441803326
4145BCB00002B/642